V

ÉTAT ACTUEL

DE

L'ARTILLERIE DE CAMPAGNE WURTEMBERGEOISE.

SAINT-CLOUD. — IMPRIMERIE DE BELIN-MANDAR.

ÉTAT ACTUEL

DE

L'ARTILLERIE DE CAMPAGNE

EN EUROPE,

PAR G.-A. JACOBI,

LIEUTENANT D'ARTILLERIE DE LA GARDE PRUSSIENNE.

OUVRAGE TRADUIT DE L'ALLEMAND.

REVU ET ACCOMPAGNÉ D'OBSERVATIONS
PAR M. LE COMMANDANT D'ARTILLERIE MAZÉ,
PROFESSEUR A L'ÉCOLE D'APPLICATION DU CORPS ROYAL D'ÉTAT-MAJOR.

ARTILLERIE DE CAMPAGNE WURTEMBERGEOISE.

Avec 4 Planches.

PARIS,

J. CORRÉARD, ÉDITEUR D'OUVRAGES MILITAIRES,
RUE DE TOURNON, N. 20.

1845.

ÉTAT ACTUEL

DE

L'ARTILLERIE DE CAMPAGNE

WURTEMBERGEOISE.

———◆———

AVERTISSEMENT DE L'AUTEUR.

Nous avions promis dans l'annonce de cet ouvrage de ne consacrer des livraisons entières qu'à l'artillerie des grandes puissances, et de réunir dans un seul cahier l'artillerie de deux ou plusieurs petits États suivant leur plus ou moins grande importance. Quelque désir que nous eussions de remplir nos promesses nous avons été obligé de modifier la division de cet ouvrage pour ne pas rester au-dessous de l'importance du sujet que nous traitons.

Bien qu'il paraisse au premier abord que la description de l'artillerie d'un État secondaire soit calquée sur celle de l'artillerie d'une puissance d'un ordre supérieur et qu'elle eût pu être publiée dans un cadre plus resserré, il n'en est cependant pas ainsi : quelquefois, il est vrai, le matériel est presque le même, mais les modifications sont tellement nombreuses et tellement importantes, la différence dans l'organisation et dans la manœuvre est si considérable, qu'il est impossible de réunir l'artillerie de deux Etats d'un ordre inférieur dans une seule et même livraison. La description de l'artillerie des Etats secondaires, si elle est faite avec les détails rigoureusement nécessaires, donne le plus souvent un texte de six à sept feuilles d'impression et trois à quatre tables lithographiées; et comme nous avons promis de publier des livraisons de six à huit feuilles d'impression et quatre à cinq planches lithographiées chacune, il ne paraîtra pas surprenant ni injuste, en considérant la force de la seconde et de la troisième livraison, si celles de l'artillerie des Etats secondaires, qui intéresse par son matériel et par son organisation toute particulière, sont publiées dans des livraisons qui ne comportent pas le nombre des feuilles promises. Nos abonnés ne perdront rien par cette modification dans la publication de notre ouvrage, d'autant plus qu'elle nous met dans la possibilité de donner une plus grande étendue à la description de l'artillerie des grandes puissances.

Mayence, mai 1837.

INTRODUCTION.

Dans les livraisons qui ont paru jusqu'à présent, nous avons donné la description de l'artillerie de quelques grandes puissances étrangères. Nous commencerons aujourd'hui à faire connaître à nos abonnés l'artillerie des États de la Confédération, et nous verrons successivement comment ces différents gouvernements ont mis à profit les longues expériences des guerres continuelles qui ont ensanglanté l'Europe pendant un demi-siècle.

Les systèmes militaires adoptés dans les différents États qui composent la Confédération germanique, et par conséquent la formation si variée du matériel de l'artillerie sont une suite nécessaire et immédiate de la division politique de l'Allemagne. La Confédération, il est vrai, ne présente pas cette unité compacte qu'elle aurait si elle était réunie sous une seule et même volonté, si elle était régie par un système de lois uniformes et gouvernée par un seul et même chef ; mais de cette hétérogénéité constitutionnelle même et de cette indépendance des États qui composent la Confédération germanique est résulté un bien d'une portée immense sous le rapport du système militaire en général et de celui de l'artillerie en particulier ; nous voulons dire que de cette division politique de l'Allemagne sont sorties autant

de vues diverses qu'il y a d'Etats fournissant un contingent
en artillerie à la Confédération. Une foule d'idées se sont
fait jour, idées qui si l'Allemagne eût été constituée en un
seul et même empire n'auraient pu se faire valoir et se-
raient aujourd'hui entièrement ignorées.

C'est ainsi que dans l'artillerie des Etats secondaires de
l'Allemagne, nous trouvons les modifications les plus importantes de l'artillerie des puissances d'un ordre supérieur.
Ce résultat est facile à expliquer : plus le matériel de l'artillerie d'un Etat est peu considérable et plus il est facile d'y
introduire des changements avantageux, tandis que les modifications dans le matériel déjà adopté par les puissances
du premier ordre y rencontrent des empêchements et des
obstacles insurmontables.

Les armées des différents Etats qui composent la Confédération germanique se divisent, sous le rapport du système
de leur organisation militaire, en trois classes principales.
L'Autriche et la Prusse représentent chacune un système,
tandis que les autres Etats confédérés plus ou moins consi-
dérables appartiennent au troisième, et se rapprochent plus
ou moins dans leur organisation au système d'une grande
puissance, sans néanmoins perdre entièrement le caractère
qui les distingue.

. Dans les Etats germaniques du Sud, la réunion perma-
nente de leurs troupes avec les armées de l'Empire, plus
encore que le voisinage de la France, a fait prévaloir le
système français dans la formation et l'organisation militaires. La plupart des vieux officiers ont gagné leurs épaulettes dans les rangs de l'armée française, conduite par les
aigles impériales ; il est donc tout naturel qu'ils aient conservé le règlement et le matériel qui leur ont fait obtenir
tant et de si beaux résultats. Le matériel de l'artillerie de

Bavière, de Wurtemberg, de Hesse, de Bade et de Nassau, n'était autrefois qu'une copie du système Gribeauval, et ce, n'est que beaucoup plus tard et tout récemment qu'on s'est décidé dans tous les Etats à y introduire des réformes.

Le Wurtemberg est celui de ces Etats qui, dans la réforme du matériel de l'artillerie, s'est le moins éloigné du système primitif. Les bases fondamentales du système Gribeauval y ont été conservées, et on n'y a introduit que les modifications généralement reconnues utiles et nécessaires. Cette artillerie, si habilement perfectionnée, prouve suffisamment que c'est bien moins le mécanisme du matériel que sa légèreté, proportionnellement combinée avec le choix et la bonne fabrication technique des matériaux bruts qui décide de sa plus ou moins grande utilité. Mais ce n'est pas là le seul point qui distingue l'artillerie wurtembergeoise de celle de beaucoup d'autres puissances; c'est encore son organisation qui la caractérise, organisation basée sur le système de défense de l'artillerie par elle-même et dans toutes les circonstances. Comme nous avons, en entreprenant cet ouvrage, renoncé à toute espèce de critique, il ne nous appartient pas de rechercher jusqu'à quel point il est nécessaire ou utile que l'artillerie fasse sur le champ de bataille usage d'autres armes que de leurs bouches à feu, nous nous contenterons de consigner ici ce seul fait : l'artillerie wurtembergeoise est organisée et exercée de manière à pouvoir se défendre avec les armes portatives et même avec l'arme blanche dans toutes les circonstances et toutes les fois que la nécessité exige de sauver le matériel.

Cette idée, autant que nous le sachions, n'a été mise à exécution dans aucune autre artillerie; c'est donc à l'artillerie wurtembergeoise qu'appartient le mérite d'avoir résolu un problème sur lequel on a beaucoup disputé sans toutefois avoir jamais pu prouver la possibilité de le mettre en pratique.. .

En parcourant la description du matériel et de l'organisation de l'artillerie wurtembergeoise, nos lecteurs ne devront jamais perdre de vue cette particularité caractéristique de cette arme ; car sans cela ils pourraient tomber dans des raisonnements dont le résultat serait un jugement erroné. On commettrait, par exemple, une grave erreur, si de ce que dans l'artillerie à cheval quelques canonniers sont assis sur l'affût et sur le caisson à munitions on voulait conclure qu'on ne s'est déterminé dans le Wurtemberg ni pour l'un ni pour l'autre des deux systèmes opposés. On y a fort bien compris ce que doit être l'artillerie à cheval et les services qu'elle seule peut rendre. Des considérations économiques combinées avec le système une fois reconnu nécessaire de la défense personnelle de l'artillerie ont seules déterminé la réunion de l'artillerie à cheval et à pied. Le service des bouches à feu peut être continué sans interruption même alors qu'une partie des canonniers servants le quitte pour défendre la batterie, et il se fait une économie de trois chevaux par chaque bouche à feu. Pour tout ce qui regarde l'organisation nous en parlerons au chapitre deuxième de la troisième partie.

INDICATION DES MATÉRIAUX.

Nous avons eu recours pour la rédaction du présent travail aux sources originales suivantes :

1° Notices que nous avons nous-même recueillies dans un voyage fait en été de l'année 1835, dans le sud de l'Allemagne.

2° *Exerzier-Vorschrift für die Kœnigl. Würtembergische Artillerie;* Stuttgard, 1824 (Règlement de l'instruction dans les régiments du corps royal de l'artillerie wurtembergeoise ; Stuttgart, 1824).

3° *Bibliothek für Militærs überhaupt und für Unteroffiziere insbesondere;* Stuttgard und Tübingen in der J. G. Cotta'schen Buchhand lung, 1835 (Bibliothèque des militaires en général et des sous-officiers en particulier; Stuttgard et Tubingue, à la librairie de J.-G. Cotta, 1835).

4° Manuscrits et dessins qui nous ont été communiqués.

POIDS ET MESURES.

Le pied de Wurtemberg est divisé en 10 pouces, 100 lignes et 1000 points.

1 pied a 127 lignes de Paris ; le rapport du pied de Wurtemberg est au pied du Rhin de 139,13 lignes de Paris comme 0,912815 est à 1.

Le pouce décimal de Wurtemberg est au pouce duodécimal du Rhin comme 1,095384 est à 1. Les hausses ne sont pas données en pouces décimaux, mais en pouces duodécimaux. Le rapport du pouce duodécimal de Wurtemberg est au pouce duodécimal du Rhin comme 0,912846 est à 1.

Les mesures de distance dans le tir des bouches à feu sont données en pas, dont chacun vaut 2,75 pieds duodécimaux de Wurtemberg; le pas est à celui adopté dans l'artillerie prussienne et qui vaut 2,4 pieds du Rhin comme 1,0459 est à 1.

La livre de Wurtemberg contient 9734 as hollandais. La différence de cette livre à celle de Berlin, calculée à 9729,84 as, n'étant que de 2 demi-onces par 100 livres, nous n'avons pas cru nécessaire de la réduire dans les tables.

PREMIÈRE PARTIE.

DESCRIPTION DU MATÉRIEL.

———◇———

CHAPITRE PREMIER.

SYSTÈME DU MATÉRIEL DE CAMPAGNE.

L'artillerie de campagne wurtembergeoise fait usage de trois calibres de bouches à feu, savoir : du canon de 12, du canon de 6 et de l'obusier de 10 court.

Elle emploie pour chacune de ces bouches à feu un affût différent. Ces affûts sont à flasques ; leur construction est la même, mais ils diffèrent entre eux par leurs dimensions.

Il n'y a qu'un seul avant-train pour ces trois espèces d'affûts et pour le caisson à munitions. L'avant-train du chariot de batterie est le même que l'avant-train de l'affût sans coffre.

Le caisson à munitions est le même pour tous les calibres, il ne présente des différences que dans la distribution des compartiments des coffres pour chacun des calibres.

Le couvercle du coffre est construit de manière que deux canonniers puissent s'y asseoir. Le chariot de batterie diffère aussi du caisson à munitions par la construction du coffre d'arrière-train.

La forge est celle du système Gribeauval.

L'artillerie de campagne fait usage de trois espèces d'essieux en fer, un pour les affûts des canons, un pour ceux de l'obusier et un pour les avant-trains et arrière-trains ; ils ne diffèrent entre eux que par le plus ou moins d'épaisseur du corps de l'essieu. Les fusées ont toutes le même diamètre.

Il y a trois espèces de roues, une pour les affûts des canons de 12 et de 10, une pour les affûts et l'arrière-train des autres voitures, et une pour les avant-trains. Les deux premières ont un égal diamètre.

Approvisionnement en munitions.

	BOULETS ou obus.	BOITES à balles.	BOULETS incendiaires.
L'avant-train du canon de 12 contient	15	6	»
» 6 »	26	6	»
» de l'obusier de 10 »	6	4	»
Le caisson à munitions du canon de 12 »	67	12	»
» du canon de 6 »	100	18	»
» de l'obusier de 10 »	38	4	4

Les bouches à feu dans les manœuvres des batteries étant toujours suivies d'un caisson, il s'ensuit que la quantité des munitions pour chacune d'elles est :

	BOULETS ou obus.	BOITES à balles.	BOULETS incendiaires.
Pour le canon de 12	82	18	»
» de 6	126	24	»
Pour l'obusier de 10	44	8	4

CHAPITRE II.

BOUCHES A FEU.

Dimensions principales et poids des bouches à feu de l'artillerie wurtembergeoise.

DÉSIGNATION DES PARTIES.	CANONS DE 12.	CANONS DE 6.	OBUSIERS DE 10.
Longueur depuis la plate-bande de culasse jusqu'à la tranche de la bouche	Po. déc. w.	Po. déc. w.	Po. déc. w.
en pouces.	66	56,86	38,73
en calibres.	16,5	17,99	6,81
— de l'âme y compris son raccordement avec la chambre en pouces.	63	54,51	28,4
en calibres.	15,75	17,24	4,997
— de la chambre.	»	»	6,785
— du raccordement.	»	»	2,65
Diamètre de l'âme.	4,12	3,28	5,785
— du projectile.	4,0	3,1605	5,685
— du vent.	0,12	0,0905	0,10
— de la chambre	»	»	2,85
— à la plate-bande de culasse. . .	11,78	9,05	} 10,2
— au bourrelet..	9,424	7,15	
Épaisseur à la culasse.	3,0	2,17	3,58
— au 1er renfort derr. { A la pièce à	3,18	2,52	2,96
— id. devant { ch. pr les ob	2,525		»
— au second renfort.	»	Se perd en cône.	2,02
— à la volée derrière.	2,25		1,72
— id. devant.	1,5	1,285	1,52
Longueur et diamètre des tourillons. . .	4,0	3,16	{ 3,545 4,0
Distance du centre des tourillons depuis la plate-bande de culasse.	28,12	25,28	18,3
Abaissement du centre des tourillons au-dessous de l'axe de l'âme..	0,25	0,20	0,95
Écartement des embases.	10,35	8,69	10,067
Diamètre de la lumière.	0,23		
Distance du centre de la lumière au fond de l'âme.	0,8	Comme pour le canon de 12.	
L'angle d'élévation naturel est de. . . .	29'44"	26'18"	Est égalisé.
Poids de la bouche à feu en livres. . . .	1636	850	900
Poids du projectile en livres.	11,78	5,875	21,375
Puissance et matière par livre du projectile.. . . .	139	145	42
La prépondérance de la culasse sur la volée est de.	100	70	68

CANONS (*fig. 1 (1)*).

On fait usage de deux calibres, l'un de 6 livres, l'autre de 12 livres. Les dimensions principales sont les suivantes :

	LONGUEUR de l'âme en calibres.	POIDS de la bouche à feu.	LIVRES de métal par livres du poids du boulet.
Le 12	15,75	1636 liv.	139 liv.
Le 6	17,24	850	145

Les canons sont construits pour une charge de 1 quart du poids du boulet. Pour celui de 12 on s'est écarté de la longueur d'âme de 17 calibres presque généralement reçue pour donner une plus grande mobilité à la bouche à feu, parce qu'on a cru que cette longueur d'âme assure en campagne une force de percussion suffisante. Le fond de l'âme se termine par un arrondissement égal au quart du calibre; le rayon de cet arrondissement est de 0,815″ décimaux de Wurtemberg pour le canon de 6, et de 1,03″ déc. Wurt. pour le canon de 12.

---

(1) Cette figure représente un canon de 12.

Le vent dans les canons de 12 est de 0,10" déc. Wurt., et de 0,10" Wurt. dans ceux de 6.

La lumière est dirigée perpendiculairement à l'axe et débouche dans l'âme à l'endroit où l'arrondissement du fond rencontre l'axe; elle est percée dans un grain vissé de cuivre battu.

L'axe des tourillons est placé à 1 seizième de calibre au-dessous de l'axe de l'âme, et le point du milieu de l'axe est à peu près aux 4 neuvièmes de la longueur totale, éloigné de 7,67 dix-huitièmes du derrière de la plate-bande de culasse. La prépondérance de la culasse est de 10 cent soixantièmes du poids de la pièce de 12 et de 13 cent soixantièmes du poids de la pièce de 6.

Le canon de 6 a seul une hausse fixe.

Le point le plus élevé de la plate-bande de culasse n'est point cylindrique, mais il forme un cône aplati dont le côté se termine par la ligne de mire. Pour obtenir un but en blanc plus rapproché, sans pour cela renforcer le bourrelet ou placer un bouton de mire trop pointu et par cela même trop fragile, on a appliqué (les tourillons étant dans une position horizontale) sur le point le plus élevé du bourrelet une pièce de métal appelé *couronne (Krone)*, dont la portée supérieure forme avec l'arrondissement du bourrelet un cercle concentrique. A la partie postérieure un peu arrondie de cette couronne se trouve le bouton de mire en forme d'une pyramide à 3 angles inégaux de manière qu'un angle de cette pyramide forme la partie supérieure du bouton de mire et fait au-dessus de la partie supérieure de la couronne une saillie de quelques centièmes.

Par cette disposition l'angle de mire naturel est de 29'44" pour les canons de 12 et de 26'18" pour les canons de 6. La hauteur de la couronne du canon de 12 est de 0,42" déc.

Wurt., la différence de l'épaisseur est donc de 1,398" déc.
Wurt. ; pour les canons de 6 la couronne est haute de
0,52" déc. Wurt., et la différence de l'épaisseur est de 1,47"
déc. Wurt.

L'épaisseur à la culasse est de 3 quarts de calibre et de
4 cinquièmes de calibre à la lumière ; la moindre épaisseur
à la fin de la volée est un peu plus forte que la moitié de la
plus grande épaisseur. Quant à la forme extérieure, les canons de l'un et de l'autre calibre diffèrent considérablement
de celle des canons des autres artilleries dont nous avons
péjà donné la description. Le cul de lampe est conique, et
se joint au bouton de culasse, qui est sphérique, par un collet
uni. Le canon de 6 est uni depuis la plate-bande du culasse
jusqu'au collet. Pour le canon de 12, le premier renfort
et la plate-bande de ceinture, sont concentriques à une
chambre unie à la volée par une moulure. La volée et le
bourrelet sont séparés l'un de l'autre par deux petites plates-
bandes qui enferment une astragale. Le renflement du
bourrelet n'est pas cylindrique, mais tronc-conique ; la base
de ce cône est entourée d'une plate-bande dont la partie antérieure joint la partie antérieure de la couronne. Les canons de l'un et de l'autre calibre ont des anses.

Sous le rapport du poids des canons, la pièce de 12, com-
parée avec celle du même calibre adoptée par les autres
puissances, peut être appelée un canon léger ; mais si l'on
considère le peu de longueur de ce calibre et la charge du
demi-quart du poids du boulet on peut bien le compter au
nombre des canons lourds.

Le canon de 6, dont le poids est à peu près égal à celui do
presque toutes les autres puissances et ayant une charge
égale au quart du poids du boulet, est un calibre lourd
comparé au canon de 6 léger anglais construit pour une

charge égale. Il est plus lourd de 2 quintaux que le 6 anglais.

L'artillerie de campagne n'a qu'un seul obusier, qui est réuni dans les batteries aux canons des deux calibres. C'est l'obusier court de 10 livres appelé ainsi d'après le poids du projectile.

La construction de cet obusier est basée sur une charge de 1 treizième du poids de l'obus, et sur un poids total de quarante-deux fois celui de ce même projectile. Sa chambre est cylindrique de 1 et 1 cinquième calibre de longueur; son diamètre est à sa longueur comme 1 est à 2, 3; le fond de la chambre est plan et se raccorde avec les parois par une portion de sphère égale à 0,7106" déc. Wurt.

Un raccordement conique unit la chambre avec l'âme; le raccordement et l'âme ont ensemble un diamètre de 5 calibres de longueur.

La lumière de cet obusier est la même que celle des canons.

L'axe des tourillons est placé à un demi-calibre au-dessous de l'axe de l'âme, et le point du milieu est de un sixième de calibre en arrière.

Cet obusier n'a point de hausse fixe, mais une petite flèche pyramidale.

L'épaisseur en avant de la culasse est de cinq huitièmes de calibre; à l'endroit de la chambre elle est à peu près d'un demi-calibre; elle est à peu près de la moitié de celle de la chambre à la bouche, où elle atteint son minimum.

La forme extérieure de cet obusier ressemble considérablement à celle de l'obusier de 24 français de l'an XI. Cet obusier se compose de chambre, de second renfort, de volée et de moulure de la bouche. Les deux premières parties sont cylindriques, la volée est conique. Les ressauts de chacune de ces parties sont unis ensemble par le moyen de moulures.

. *Observation.* — Nous dirons encore ici que dans la fonderie de Louisbourg on a introduit la méthode du moulage en sable (*fette Sandfœrmerei*). Comme dans cette fonderie on ne coule que des bouches à feu du poids de 15 quintaux, cette méthode de mouler est fort avantageuse en ce qu'elle économise beaucoup de temps et de travail. Pour connaître plus en détail cette méthode, on peut consulter le *Manuel technique pour les élèves artilleurs*, par *L. de Breithaupt, Stuttgard et Tubingue*, 1823, II° partie, § 28 *Tecknisches Handbuch für angehende Artilleristen von L. v. Breithaupt, Stuttgard und Tübingen*, 1823, *zweiter Theil*, § 28.

POINTAGE.

A. Pour canons.

Nous avons déjà parlé précédemment de l'angle de mire dont on fait usage dans l'artillerie wurtembergeoise ; nous avons également vu que les canons de 6 sont seuls munis d'une hausse fixe. Pour pointer les canons de 12 et l'obusier de 10, on emploie des hausses mobiles en cuivre ; on se sert en outre pour l'obusier d'un quart de cercle à niveau d'eau (*Wasserwagenquadrant*). L'échelle sur toutes les hausses est divisée en pouces duodécimaux de Wurtemberg.

Hausse fixe pour les canons de 6 (*Fig.* 3).

Cette hausse, dans les parties principales et essentielles
de sa construction, est la même que celle dont on fait usage
dans l'artillerie de campagne française; elle n'en diffère
que par son pied prismatique qu'on fait entrer dans la partie
postérieure du collet de bouton de culasse et par une autre
mire; elle en diffère encore en ce que la vis de pression
n'est pas serrée par le moyen d'un écrou ailé, mais elle
opère une pression sur un ressort assujetti dans l'intérieur
de la hausse, et empêche ainsi que l'échelle soit endomma-
gée par la pression de la vis. L'échelle est divisée en huitièmes de pouces et fournit des angles d'élévation de deux
demi-pouces de Wurtemberg.

La mire consiste en une plaque carrée arrondie par le
haut sur la plate-bande de culasse; cette plaque saille
de deux cinquièmes de ligne de Prusse au-dessus de la
partie postérieure de la tige fixée dans le cul de lampe. La
mire forme à l'extrémité antérieure de cette plaque un qua-
drangle qui est également arrondi par le haut avec le
rayon de la plate-bande de culasse, et n'a point de cran de
mire.

Indépendamment de cette hausse fixe on se sert encore
pour le canon de 6 d'une hausse qui ressemble en tout point
à celle dont on fait usage pour le canon de 12 dont la description suit. On l'emploie toutes les fois que la hausse fixe est
hors d'état de servir ou qu'elle devient insuffisante pour des
grandes distances.

Hausse pour les canons de 12 (*Fig.* 4).

Elle consiste en une règle en cuivre decoupée dans le milieu; son pied est large, et le dessous en est évidé circulairement avec un rayon égal à celui de la plate-bande de culasse. Sur le côté gauche de la face postérieure de la hausse se trouve une échelle de 5" de longueur divisée en échelons de un huitième de pouce. Dans la partie du milieu qui est découpée est encastrée une coulisse percée d'un trou servant à diriger le rayon visuel du pointeur, et dont le centre est traversée par une ligne horizontale au moyen de laquelle la coulisse peut être placée à telle hauteur voulue.

B. *Pour obusiers.*

Hausse (*Fig.* 5).

La hausse en cuivre se compose de deux tiges latérales *ab* et *cd*, d'une tige mobile *ef*, d'un pied *gh* dont le dessous est évidé circulairement avec un rayon égal à celui de la plate-bande de culasse, et enfin d'une hausse *ik* (*Gehaüse*), haute de trois quarts de ligne, qui entoure les trois tiges; sur la face postérieure de cette hausse est une vis de pression *l* qui permet de fixer la tige du milieu à la hauteur qu'on veut lui donner.

Sur la tige *ab* est tracée une colonne divisée en quarts de pouce, et allant en remontant de 1 à 10"; une autre colonne, divisée en demi-pouces, est tracée sur la tige *cd*; elle

commence à 11" pour finir en 19". La tige du milieu *ef*, qui
est surmontée du sommet *mn*, est divisée en deux parties
égales par une ligne verticale ; le côté droit est réparti en
quarts de pouce, et le côté gauche en demi-pouces. A la
hauteur de un demi, 7 et 10", la tige du milieu est percée de
trous servant à diriger le rayon visuel du pointeur ; ces trous
correspondent aux chiffres I, II et III indiqués dans la
fig. 5.

Pour se procurer la hausse de un quart de ligne, on se
sert du trou visuel immédiatement au-dessus du pied haut
d'un quart de ligne, en ayant soin de hausser la tige mobile
du milieu *ef* jusqu'à ce que le pied *gh* soit dégagée.

Pour se procurer des hausses d'une demie jusqu'à six
trois quarts de ligne on fait usage du trou visuel I en dé-
plaçant la hausse, au moyen de la vis de pression *l*, sur la
hauteur désirée entre 1 à 7".

Pour se procurer des hausses de 7 à 9 trois quarts de ligne, on se sert du trou visuel II en fixant la ligne horizontale qui traverse le trou visuel sur les crans 8, 9", etc., de
la tige *ab*.

Pour se procurer des hausses de 10" et au delà, on
fait usage du trou visuel III qui se trouve au sommet de
la hausse, en descendant tout à fait la tige du milieu pour
les hausses de 10", et pour les élévations supérieures de 10
un quart à 19", on fixe la ligne horizontale du trou visuel
inférieur I sur la colonne de la tige *cd*, et on vise par le trou
visuel III.

Quart de cercle à niveau (*Fig.* 6).

Il se compose d'une règle en cuivre *ab*, de la partie infétieure *cd* avec un demi-cercle gradué et d'une libellule vissée à ladite partie inférieure. Deux pattes *g* et *h*, vissées sur la règle, et deux gardes saillantes *i* et *k*, adaptées sous les pattes, assujettissent le quart de cercle ; celui-ci peut en être séparé et servir pour prendre toutes les positions possibles par le moyen de la fiche mobile *mn* qui se trouve dans la partie inférieure. L'indicateur *op* embrasse extérieurement le quart de cercle. L'arc est divisé en 45 degrés et chacun de ces derniers est subdivisé en demi-degrés et en quarts de degré.

CHAPITRE III.

AFFUTS, AVANT-TRAINS ET CAISSONS.

AFFUTS.

Nous avons déjà vu au chapitre premier que l'artillerie de campagne fait usage d'un affût particulier pour chacun des trois calibres.

Ces affûts, dans leurs parties principales, sont construits d'après les mêmes principes, et ne diffèrent entre eux que par leurs dimensions et par quelques modifications commandées par les différents calibres.

L'artillerie wurtembergeoise a conservé le système des affûts à flasques, dont de longues expériences ont reconnu l'utilité, et elle n'y a introduit que quelques modifications qui ont paru nécessaires.

Les parties principales dont se compose l'affût sont les deux flasques, les entretoises, l'essieu en fer avec son corps d'essieu en bois, l'instrument de pointage, le coffret d'affût et la ferrure.

Affût de 6 (Fig. 7 et 8).

Flasques

Elles sont composées de trois parties, la tête, le milieu la crosse; la partie inférieure ne forme pas une ligne droite, mais une ligne brisée. Leur épaisseur à la tête est égale aux trois quarts du diamètre du boulet, elle est moindre de un huitième à peu près au milieu et à la crosse. Immédiatement derrière le premier cintre de crosse les flasques ont sur la partie intérieure un talon (*Absatz*) avec angles arrondis. La longueur des flasques est égale à 10" déc. Wurt.

Le centre du logement des tourillons se trouve au-dessus du bord supérieur des flasques; le centre de l'encastrement d'essieu est à 5" déc. Wurt. en arrière du centre du logement des tourillons.

Entretoises.

L'affût n'a que deux entretoises, une entretoise de volée et une entretoise de lunette; cette dernière s'embrève encore d'un septième de sa longueur dans la pièce du milieu, et assemble la partie postérieure de cette dernière pièce avec l'arrondissement de la crosse de l'affût. La lunette, au lieu d'être circulaire, est ovale, avec des parois droites arrondies en bas et en haut. Immédiatement derrière l'entretoise de lunette entre celle-ci, et le coffret d'affût est encastré un grillage en lattes qui forme une espèce de coffre ouvert destiné à recevoir la prolonge.

Nous parlerons plus tard des essieux. Le corps de l'essieu en bois est de la même longueur que l'essieu en fer, et saille un peu en dessous de la partie inférieure des flasques.

Coffret d'affût.

Il est uni avec l'affût de telle sorte, que son fond en bois et ses deux parois frontales en cuir blanc sont embrevés entre les flasques de l'affût, et que ces dernières forment les deux parois latérales. Le couvercle du coffret saille des deux côtés des flasques, et les charnières dont il est muni sont assujetties à la paroi extérieure de la flasque de droite, tandis que le fourreau (*Ueberwurf*) et le tourniquet (*Vorreiber*) le sont à la paroi extérieure de gauche. Le dessus du couvercle est garni en cuir matelassé.

Au côté gauche de l'affût se trouvent deux appuis en fer, et un autre à la droite servant aux deux cannoniers qui sont assis sur le coffret. Ces appuis sont recourbés en dessous en forme de rectangle, et passent par les flasques auxquelles ils sont assujettis intérieurement par des écrous. La partie recourbée des appuis dépasse extérieurement les flasques de quelques pouces et sert de support aux marchepieds des cannoniers. Ces marchepieds sont suspendus dans des courroies triples dont la portée supérieure est cousue et assujettie autour des armons inférieurs des appuis. Les marchepieds et les courroies sont assemblés au moyen de boulons à vis.

Instrument de pointage (*Fig.* 9).

Il est exactement le même que celui qui est actuellement en usage dans l'artillerie de campagne prussienne.

Il se compose d'une vis de pointage, d'un écrou, du levier directeur (*Richtwelle*), de deux bandes en fer (*Pfannen*), de la semelle d'affût (*Richtsohle*), et du boulon horizontal (*Sohlbolzen*).

Aux côtés intérieurs des flasques du premier cintre sont vissées deux bandes en fer dans lesquelles s'adaptent exactement les boulons cylindriques du levier directeur (*Richtwelle*) métallique. Le milieu de ce levier est percé d'un trou destiné à recevoir la tige de la vis de pointage (*Richtspindel*), et dont l'ouverture supérieure a un rebord circulaire. Sur ce levier repose par sa partie inférieure l'écrou, dont le filet est en cuivre; la partie extérieure au contraire, ainsi que les manivelles, est en fer. La partie inférieure de l'écrou s'adapte exactement sur le rebord circulaire dont il vient d'être parlé.

La tête de la tige (*Kopf der Spindel*) est un disque (*Scheibe*) rond et percé de trous; ce disque s'adapte entre deux pattes en fer assujetties sous l'extrémité postérieure de la semelle d'affût (*Richtsohle*), et est assemblé avec elles par un boulon (*Schlüsselbolzen*). Immédiatement derrière l'entretoise de volée (*Stirnriegel*), le boulon horizontal (*Sohlbolzen*) traverse les flasques et les anneaux en fer qui se trouvent à l'extrémité antérieure de la semelle d'affût. Sur cette dernière extrémité est une petite plaque en fer qui sert de support au premier renfort.

Ferrures.

Les ferrures pour la durée des affûts sont : les sous-bandes, dont le prolongement entoure le dessus et le devant des flasques; les bandes de recouvrement, qui commencent immédiatement derrière le coffret d'affût, et recouvrent la partie inférieure des flasques en se prolongeant jusqu'aux bandes d'essieu; et enfin les plaques d'appui des roues.

Ferrures pour l'assemblages des flasques entre eux et pour celui de la bouche à feu et de l'essieu avec l'affût. Quatre boulons d'assemblage, dont deux traversent l'entretoise de crosse, un autre l'entretoise de volée, et un quatrième le boulon horizontal, qui traverse les flasques immédiatement en arrière du troisième, lient ces différentes parties entre elles. Deux chevilles à mentonnet (*Hakenbolzen*) et deux chevilles à tête plate (*Splintbolzen*) assujettissent les sus-bandes sur les sous-bandes, et servent en même temps à fixer les sous-bandes et les bandes d'essieu qui sont en outre serrées par deux bandes de recouvrement par le moyen d'écrous et de frettes courtes. En avant du second cintre une bande appliquée à chaque flasque sert à assujettir les bandes de recouvrement de l'affût. Tout près de la culasse sont des étriers d'équignon qui entourent l'essieu et le corps d'essieu en bois, et sur lesquels est fixée la coiffe de l'esse (*Kothblech*).

Ferrures pour le transport, le mouvement et le pointage des bouches à feu. Telles sont toutes les ferrures dont nous avons parlé à l'article *Instrument de pointage*, les deux anneaux de pointage assujettis sur l'entretoise de crosse, l'anneau de prolonge (*Schlepptauring*), lequel n'est pas retenu par une ferrure particulière, mais se trouve logé dans l'anneau d'embrelage (*Protzring*) qui traverse un trou pratiqué dans le boulon du petit annneau de pointage (*hintere Richtœse*). Au second cintre, le boulon d'assemblage de l'entretoise de crosse fixe aux parois latérales extérieures des flasques deux supports en fer (*Stœnder*) s'embrevant par le haut dans des anneaux en fer et servant à recevoir le bout du levier dans les manœuvres de mettre et d'ôter l'avant-train; et enfin la chaîne d'enrayage dont la figure..... fait connaître suffisamment le mode d'attache.

Ferrures servant à attacher les pièces d'armements et les outils de pionnier. Sur le côté droit de l'affût est une fourchette pour attacher l'écouvillon, et sur le côté gauche un anneau carré pour recevoir le pic à roc : cette fourchette et cet anneau sont soudés aux sous-bandes du boulon d'assemblage de l'entretoise de volée. Le tenon du devant du flasque droit reçoit l'extrémité postérieure de l'écouvillon. Tous les armements sont assujettis dans des fourchettes au moyen de chevillettes en fer. Immédiatement derrière la tête du flasque droit est un crochet dans lequel est suspendu le seau d'affût.

Le côté extérieur des flasques porte vers la tête un crampon dans lequel est passée une courroie servant à boucler les sabres des canonniers servants. Plus en arrière, au milieu, entre les deux bandes de traction (*Ziehbander*) de la tête des flasques et au côté extérieur de ces derniers est clouée une douille en cuir destinée à recevoir la pointe du fourreau de sabre. Nous reviendrons sur cette description au chapitre 2 de la troisième partie.

Affût d'obusier (Fig. 10).

Il ne diffère de celui du canon de 6 que par une plus grande hauteur et une plus forte épaisseur, et par l'écartement plus considérable des flasques; il a de plus une entretoise de mire. L'épaisseur des flasques à l'endroit de la tête est égale à un demi-diamètre du boulet, elle est moins forte au milieu et à la queue d'un sixième de diamètre. La

longueur est la même que celle des flasques du canon de
6. La semelle d'affût est de beaucoup plus courte que
celle de ce dernier calibre.

Immédiatement avant le coffret d'affût le côté intérieur
du flasque droit porte une douille en cuir destinée à
recevoir un coin de mire en bois; au côté intérieur du
flasque gauche est une poche en cuir dans laquelle on
place la hausse.

Affût du canon de 12 (Fig. 11 et 12).

La différence principale qui existe entre cet affût et
celui de 6 consiste en ce qu'il a un couvercle de coffret
d'affût construit en forme de toit et recouvert en tôle,
qu'il n'a pas de tenons (*Stützeisen*), et qu'immédiatement
en arrière du premier cintre il porte une entretoise de mire
qui donne une plus grande consistance aux flasques.

La ferrure de cet affût ne diffère de celle de l'affût de 6
qu'en ce que le milieu de l'entretoise de volée est traversé
d'un boulon (*Augenbolzen*) avec un anneau servant à accrocher la prolonge. Au lieu du crochet carré destiné à recevoir le pic à roc, le flasque gauche porte une cheville que
maintient le boulon de l'entretoise de voie et dans laquelle on accroche le levier de rechange; cette cheville
remplace le crochet carré destiné à recevoir le pic à roc et
qui est fixé à la bande gauche d'essieu.

	Aux affûts de 12,	*de* 6,	*d'obusier.*
Limite de l'angle de tir			
au-dessus de l'horizon.. . .	14°	13°	20 1/8°
au-dessous de l'horizon. . .	12 1/2°	10°	13 1/4°
Angle fichant de la flèche (*Laffeten-winckel*).	18 1/2°	19°	19°
Angle de tournant (*Lenckungswinckel*).	57°,53'	61°,27'	59°,1'
Le point du milieu de l'axe au-dessus de l'horizon, la bouche à feu n'étant pas réunie à son avant-train, est de.	38,5"	36,5"	39,5" déc. W.

La longueur totale des flasques est de 105"   100" déc. W.

AVANT-TRAIN (*Fig.* 13).

Il n'y a qu'un seul et même avant-train pour toutes les bouches à feu et pour toutes les voitures ; seulement la distribution intérieure des coffres à munitions varie suivant les calibres.

Train de dessous.

Le corps du train de dessous se compose de 2 armons (*Deichselarmen*), 1 tirant (*Mittelsteife*), 1 selette d'avant-train (*Protzschemel*), 1 heurtequin (*Reibeisen*), 1 sellette d'essieu (*Achsschemel*), de l'essieu en fer (*eiserne Achs*), du corps d'essieu en bois (*Achsfutter*), de la volée fixe de derrière (*Hinterbracke*) avec deux palonniers (*Ortscheiten*), du timon (*Deichsel*) et de la ferrure (*Beschlag*). .

Les armons, qui sont très-longs, divergent considérablement. Sur le devant ils sont consolidés par trois brides de fourchette (*Scheerbænder*) et heurtequin en forme d'arc, avec lequel les armons sont unis au moyen de boulons à vis, ajoutent encore à la solidité de cet assemblage ; ils sont embrevés dans le corps d'essieu en bois, dans la sellette d'essieu et dans la sellette d'avant-train par le moyen de boulons à vis.

Le tirant du milieu (*Mittelsteife*) s'embrève de quelques pouces dans la fourchette (*Scheere*) et se prolonge jusque sous le heurtequin (*Reibeisen*), avec lequel, de même qu'avec la sellette d'essieu et avec le corps de l'essieu en bois, il est assemblé par des boulons à vis.

L'essieu n'est pas au centre du corps d'essieu en bois, mais un peu en avant de celui-ci ; par cette disposition le corps d'essieu en bois gagne une épaisseur suffisante pour l'application des boulons à vis qui assemblent le corps d'essieu avec les armons et le tirant du milieu.

La réunion de la volée de derrière avec les armons a lieu par des boulons à vis qui lui donnent, conjointement avec deux entretoises de volée (*Brackenstangen*) en fer traversant le corps d'essieu en bois, la solidité nécessaire. Le timon n'est pas droit, mais il présente une courbure en dessus à partir de la fourchette.

Indépendamment des pièces de ferrures dont nous avons déjà parlé, nous mentionnerons encore la virole de châîne d'embrelage (*Protzhettenzwinge*), qui se trouve immédiatement derrière le corps d'essieu en bois, vers le prolongement du timon.

La cheville ouvrière est fixée à 13,6″ déc. Wurt., en arrière du milieu de l'essieu, et la tête du timon (*Deichselspitze*) l'est à 147″ déc. Wurt. de ce dernier point.

Train de dessus ou coffret.

Ce coffret est coiffé d'un couvercle garni en fer et fortement incliné sur le devant ; il se ferme par le moyen d'un tourniquet (*Vorreiber*) et s'ouvre sur le devant. Le timon est balancé par le heurtequin (*Reibeisen*), on a pu avancer considérablement le coffret. Sa position est telle, que sa face postérieure se trouve encore en arrière de la face postérieure du corps d'essieu en bois, sur lequel le coffret est fixé par le moyen d'écrous et de crochets en fer qui forment des saillies horizontales et s'adaptent dans des goupilles (*Stifte*) qui se trouvent sur les armons.

L'angle de tournant, malgré le peu de hauteur des roues de devant, est peu considérable ; ce qui s'explique facilement par la position de la cheville ouvrière, qui est trop rapprochée de l'essieu.

ESSIEUX ET ROUES (*Fg. 14 et 15*).

Dimensions principales et poids des essieux et des roues de l'artillerie de campagne wurtembergeoise.

DÉSIGNATION DES PARTIES.	POUR L'AFFUT de 12 et de 6 et pour l'arrière-train du caisson.	POUR L'AFFUT de 10.	POUR L'AVANT-TRAIN.
	Po. déc. w.	Po. déc. w.	Po. déc. w.
Longueur totale de l'essieu.	63,0	63,0	61,80
— du corps de l'essieu.	34,0	34,0	33,0
— des fusées jusqu'au trou de l'esse.	12,9	12,9	12,65
Hauteur du corps de l'essieu.	2,6	2,9	2,4
Largeur du corps de l'essieu en haut. . .	2,3	2,6	»
— id. en bas. . . .	2,4	2,7	»
— id. à l'épaulement en haut.	»	»	2,3
— id. id. en bas.	»	»	2,4
— id. au milieu en haut.	»	»	1,9
— id. id. en bas.	»	»	2,0
Diamètre des fusées { à l'épaulement. . .	2,3		
{ au trou de l'esse .	1,92	Comme pour les canons de 12 et de 6.	
— de la boîte { à l'épaulement. . .	2,32		
— de la roue { au trou de l'esse. .	1,94		
— de la roue ferrée.	51,0	51,0	41,0
Longueur du moyeu.	12,0	Comme pour le canon de 12	
Épaisseur des embases d'esse.	0,28	0,28	»
— des embases de tourillon.	0,57	Comme pour le canon de 12.	
Naissance du moyen entre l'épaulement et l'esse.	0,05	0,05	0,03
Jeu de la boîte sur le montant (*Schenkel*)	0,02	Comme pour le canon de 12.	
Largeur du cercle de la roue.	2,5		
Essieu de dessous (*Unterœchsung*). . . .	1,30	1,30	0,8
Écartement des raies.	2,0	2,0	1,5
Largeur de la voie intérieure.	43,6		
id. depuis le milieu d'une jante au milieu des autres.	46,0	Comme pour le canon de 12.	
Poids en livres d'un essieu.	121	143	108
id. d'une roue ferrée. . . .	237 à 240 (1)	»	150 à 155

(1) Ce poids est celui de l'affût du canon de 12 et de l'obusier de 7; le poids de la roue de l'affût de 6 et de l'arrière-train du caisson, n'est que de 200 à 206 livres.

Essieux.

L'artillerie de campagne fait usage de trois espèces d'essieux en fer, l'un pour les affûts de canon, l'autre pour les affûts d'obusier, et le troisième pour les avant-trains et les autres voitures.

Les essieux d'affûts ne diffèrent que par l'épaisseur du corps d'essieu, dont le diamètre forme un trapèze parrallèle. Sur le milieu de la face supérieure du corps d'essieu est soudé un moraillon (*Nase*) qui empêche l'essieu de se déplacer dans le corps d'essieu en bois et lui donne plus de fixité. Le diamètre du corps d'essieu des essieux d'avant-train et des caissons forme également un trapèze parallèle (*fig.* 14); toutefois son épaisseur n'est pas partout égale, elle diminue de 0,4" déc. Wurt. à partir du heurtoir (*Stossende*) vers le milieu. Les fusées d'essieu d'avant-train et des voitures sont plus courtes de 0,025" déc. Wurt. que celles des essieux d'affûts, tandis que le corps d'essieu est plus court de 0,5" déc. Wurt. Il semblerait au premier abord que les roues de devant et de derrière ne gardent pas les voies, ce qui cependant n'est pas, et cela s'explique suffisamment par la hauteur peu considérable des roues d'avant-train et par leur peu d'écuanteur. Les roues des affûts ont des embases de tourillon (*Stossscheiben*) et des embases d'esse (*Lünsscheiben*). L'épaisseur des premières est de 0,28" déc. Wurt. et celle des dernières de 0,57" déc. Wurt. Les roues d'avant-train n'ont que des embases d'esse, dont l'épaisseur est la même que celle des embases des roues d'affûts.

Roues (Fig. 16 et 17).

L'artillerie wurtembergeoise emploie également trois espèces de roues , l'une pour le canon de 12 et l'obusier
(*fig.* 15), la seconde pour le canon de 6 et les autres voitures,
et la troisième pour les avant-trains (*fig.* 16). La longueur du
moyeu est la même pour toutes les trois voitures ; les roues
des affûts ont le même diamètre, elles ne diffèrent entre
elles que par le plus ou moins d'épaisseur de quelques par-
tiès en bois. La roue d'avant-train est de 1 pied moins haute
que celle des affûts.

Tous les moyeux sont garnis de boîtes métalliques d'une
égale dimension, avec une rigole en spirale. Cette rigole a
une profondeur de 0,15" déc. Wurt. et une largeur de
de 0,44" déc. Wurt. Elle prend naissance à 1,6" déc. Wurt.,
du heurtoir (*Stossende*) de la boîte, fait le tour (*Umgang*) à
8,8" déc. Wurt. de distance de ce dernier point, et finit à la
distance de 1,6" déc. Wurt. de l'extrémité de la boîte.

Un cercle en fer, fixé par six boulons à vis, entoure les
jantes de la roue; ces jantes sont au nombre de six. Il y a
douze raies.

VOITURES.

Caisson à munitions d'artillerie (Fig. 18).

Ces caissons sont les mêmes pour tous les calibrés ; ils ne
diffèrent entre eux que par la distribution intérieure en
compartiments. Leur avant-train est celui de l'affût, et sur

le train de dessous de l'arrière-train se trouve un coffre
long avec un couvercle en forme de toit.

Train de dessous.

Il consiste en deux brancards qui sont tenus écartés par
4 entretoises (*Riegel*) et 3 épars (*Schwinge*) ; leur assemblage
a lieu par le moyen de 6 boulons d'assemblage (*liegende
Bolzen*). Dans l'entretoise du devant est percée une lunette
(*Protzloch*) et en avant de cette dernière est une cheville à
boucle (*Ringbolzen*) dans laquelle s'accroche le bout de traverse de la chaîne d'embrelage (*Protzkettenknebel*), dont la
chaînette est fixée par un étrier au prolongement du timon.
Un corps d'essieu en bois est embrevé dans les brancards
et saille au-dessous de ceux-ci de trois quarts de toute sa hauteur. L'essieu est fixé dans le corps d'essieu en bois par deux
lames en fer appliquées sous les brancards, et l'intervalle
vide qui se trouve entre le corps d'essieu en bois, les brancards et ces lames de fer est rempli par des coins en bois.
Sur les entretoises de derrière et sous l'essieu est un essieu
porte-roue en bois de rechange, ou bien aux extrémités pos-
térieures des deux brancards est attachée la fourragère
(*Schoszkelle*) destinée à recevoir la roue de rechange ; la fourragère est unie par des chaînettes avec le coffret du caisson.
La chaîne d'enrayage est assujettie au brancard de même
qu'un marchepied en fer servant à monter sur le caisson.

Train de dessus ou coffre.

Il est uni avec le train de dessous, et les deux parois latérales sont embrevées dans les angles extérieurs des brancards. L'assemblage des parois du coffre entre elles a lieu
par 4 entretoises de coffre (*Kastenriegel*), dont l'antérieure et
la postérieure forment les parois courtes du coffre; il a lieu
de plus par 4 bandes sur chaque côté du coffre et par des
boulons d'assemblage dont deux traversent une entretoise
de coffre et s'embrèvent dans les bandes. Le fond du coffre
repose sur les épars et sur les deux entretoises du milieu des
brancards. Les deux entretoises du milieu partagent l'intérieur du coffre en deux divisions, qui elles-mêmes sont di-
visées en des compartiments oblongs par le moyen de bar-
reaux en bois.

Le couvercle du coffre est construit de manière à ce que
deux canonniers puissent s'y asseoir. Sa partie postérieure
est en forme de toit, tandis que le tiers de la partie antérieure forme un arrondissement plat dont la partie la plus
élevée est plus bas de 4″ déc. Wurt. que l'angle supérieur
de la partie postérieure qui est en forme de toit.

A l'extrémité antérieure du couvercle, de même qu'à l'extrémité antérieure de la partie qui est en forme de toit, sont
deux poignées en fer (*Stutzeisen*) servant d'appui aux canonniers qui sont assis sur le coffre.

Aux parois latérales du coffre se trouvent encore plusieurs ferrures servant à attacher des outils et d'autres objets d'assortiment. Les autres ferrures du coffre se composent de 4 cantonnières (*Eckbleche*), de 2 bandes latérales
(*Seitenbande*) avec fourreau (*Ueberwurf*) et tourniquets (*Vor-

rciber). Sur les bandes latérales de la partie du coffre en forme de toit sont soudés des crochets dans lesquels il y a des anneaux mobiles servant à boucler le fourrage. Tout le couvercle est garni de tôle.

Caisson à munitions d'infanterie.

Ce caisson est le même que celui du système Gribeauval adopté dans l'artillerie française.

Chariot de batterie.

Les chariots de batterie ont un coffre long en bois dont le couvercle bombé est de toile de coutil imbibée d'huile. Le coffre repose sur un châssis qui est formé par deux brancards et 2 épars (*Querriegel*). Sur l'avant-train, qui est uni à l'arrière-train par le moyen d'une cheville ouvrière, est une caisse dont le couvercle est construit de manière à ce qu'il puisse servir de siége à deux servants. Sur le derrière du coffre est la fourragère (*Schoszkelle*).

Forge de campagne.

Elle se compose de l'avant-train, de l'arrière-train avec brancards, d'un coffre avec soufflet et du foyer. Le coffre renferme les outils de l'artiste vétérinaire contenus dans plusieurs petites caisses et sacs en cuir.

Sur la partie antérieure des brancards est un coffre dans lequel se mettent les outils des forgerons ; sur les armons se trouve encore un autre petit coffre destiné au même usage. Sur le derrière de la voiture est le panier dans lequel on met le charbon.

CHAPITRE IV.

MENUS OBJETS D'APPROVISIONNEMENT.

ARMEMENT ET ASSORTIMENT DES BOUCHES A FEU.

Propriétés caractéristiques ou particulières.

L'armement des bouches à feu de l'artillerie wurtember-geoise ne diffère pas essentiellement de celui de l'artillerie es autres puissances. La disposition de la prolonge res-emble à celle de l'artillerie anglaise; seulement au lieu du crochet dont elle est munie à l'une de ses extrémités, elle a in bout de traverse (*Knebel*), avec lequel la prolonge se pitte dans l'anneau d'embrelage (*Protzring*). La longueur to-ale de la prolonge est de 28' déc. Wurt. Ordinairement on e fait usage que de la moitié de sa longueur.

L'extrémité inférieure du boute-feu (*Luntenstock*) est garnie d'une ferrure pointue. Sur la hampe de l'écouvillon, ion loin de cette dernière partie, est clouée une douille en cuir, laquelle, lorsqu'on dépose l'écouvillon, est passée par-essus la dent extérieure de la fourchette d'écouvillon. Pour ménager l'instrument de pointage on a adopté une semelle

d'affût appelé *Ruhholz*. C'est un bloc de bois oblong ayant
sur sa face supérieure une entaille demi-circulaire, aux extrémités de laquelle sont clouées des courroies à boucle
(*Schnallstrippen*). Ce bloc est pendant la marche posé trans-
versalement sur les flasques de l'affût de manière à ce que
le collet de bouton de culasse repose dans l'arrondissement
de sa face supérieure. Des arondelles, clouées aux côtés extérieurs des flasques et qu'on introduit dans les tirants à
boucle, servent à fixer le bloc.

Approvisionnements des bouches à feu en armements et assorti-
ments (1).

Chaque bouche à feu est approvisionnée en campagne des
objets d'armement dont la nomenclature suit :

    1 Ecouvillon (*Wischer*),
    1 Levier (*Hebebaum*) et 2 pour la pièce de 12,
    1 Tire-bourres (*Dammzieher*),
    2 Dégorgeoirs (*Raümnadeln*),
    2 Boute-feu (*Luntenstæcke*),

---

(1) Dans l'artillerie wurtembergeoise les armements des bouches
à feu, à l'exception de l'écouvillon, des leviers de pointage, du
seau d'affût, du coin de mire de l'obusier, du pic à roc, de la prolonge, de la semelle d'affût (*Ruhholz*), du chapiteau (*Zündloch-
deckel*), du tampon (*Mundpfropf*) et des deux spatules (*Stopfhælzer*),
sont placés dans le coffre de l'affût. Les spatules sont serrées dans
le coffre d'avant-train, les autres objets d'armement sont attachés à
l'extérieur des affûts.

1 Couvre-mèche (*Luntenverberger*),

1 Porte-lance (*Lichterklemme*),

1 Etui à lances avec couteau (*Lichterbüchse*),

1 Sac à étoupilles (*Schlagrœhrtasche*),

2 Sacs à cartouches (*Kartuschtornister*),

1 Hausse (*Aufsatz*),

1 Corne d'amorce ((*Pulverhorn*),

1 Dégorgeoir à vrille (*Bohrer*),

1 Tournevis français (*Schraubenschlüssel*),

1 Havre-sac (*Hafersack*),

1 Hache à main (*Handbeil*),

1 Pic-hoyau (*Radhacke*),

1 Etui pour l'instrument de pointage (*Richtmaschinen-futteral*),

1 Boîte à graisse (*Schmierbüchse*),

1 Seau d'affût (*Kühleimer*),

1 Prolonge (*Schlepptau*),

3 Cordages pour empaqueter (*Stricke zum Packen*),

1 Corde de rechange (*Reserveseil*),

2 Cordages de rechange (*Reservestricke*),

2 Paires de traits de rechange (*Reservezugstrænge*),

2 Esses de rechange (*Reservelünsen*),

1 Dégorgeoir (*Durchschlag*),

1 Pince (*Beisszang*),

2 Spatules (*Stopfhœlzer*),

1 Semelle d'affût (*Ruhholz*).

L'obusier est de plus approvisionné de :

1 Paire de manches à obus (*Haubitzærmel*),

1 Quart de cercle dit *libellule* ou *demoiselle* (*Libellen-quadranten*),

1 Crochet à obus (*Granathaken*),

1 Mesure à poudre avec couteau (*Puderdose*), et

1 Sac à poudre (Pulversäckchen).

Les armements de rechange ainsi que les outils à pionniers, le timon de rechange et le cric sont dans le caisson à munitions.

Chaque batterie est approvisionnée de trois roues de derrière de rechange et une roue de devant de rechange.

CHAPITRE V.

HARNACHEMENT.

DESCRIPTION DES DIFFÉRENTES PARTIES DU HARNACHEMENT (1).

Longueur des traits (Zugstrænge) et surdos (Seitenblætter) de l'artillerie wurtembergeoise en pouces décimaux de Wurtemberg.

DÉSIGNATION DES PARTIES.	LONGUEUR du surdos ou longes.	LONGUEUR des traits non engagés.	LONGUEUR des chaînons en fer (Gleiche) dans les traverses des traits (Strang-knebeln).	LONGUEUR totale de toutes les parties.	LONGUEUR du harnais depuis la douille de la longe jusqu'à la traverse du trait (Strang-knebel) quand le trait y est entré ou tiré.	LONGUEUR du bout de trait (Strang-end) destiné à être enlacé.
Harnachement de devant.	53	59.	3	115	110	5
1er id. du milieu pour un attelage de 8 chevaux.	53	30	3	93	85	6
2 id. id.	53	45	3	101	85	6
Harnachement de derrière.	53	33	3	89	80	9

---

(1) L'expérience ayant appris en Wurtemberg et presque dans tous les autres Etats que les objets de harnachement confectionnés en cuir noirci se détérioraient fréquemment dans les magasins, l'artillerie wurtembergeoise a abandonné dès longtemps ce genre de

Poids des différentes pièces d'attelage et de harnachement et du chargement des chevaux de selle et de trait de l'art. wurtemb.

DÉNOMINATION DES PARTIES.	CHEVAUX de selle de l'artillerie à cheval.	CHEVAUX DE TRAIT.					
		Chevaux de derrière.		Chevaux du milieu.		Chevaux de devant	
		Porteurs	Sousverges	Porteurs	Sousverges	Porteurs	Sousverges
	livres	livres	livres	livres	livres	livres	livres
Collier complet.	»	16,0	Comme pr les port. des chev. de derrière				
Selle complète.	21,0	34,13	»	30	»	30	»
Couverture des chevaux (*Pferdbedecke*). . .	10,5	8,76	Comme pr les port. des chev. de derrière				
Schabraque.	6,28	3,25					
Sangle de dessus (*Obergurt*).	1,84	0,75	»	0,75	»	0,75	»
Sangle de la couverture (*Deckgurt*).	0,58	0,75	Comme pr les port. des chev. de derrière.				
Chaîne d'arrêt (*Steuerketten*).	»	1,75	1,75	»	»	»	»
Têtière y compris le mors et les rênes.	3,25	4,13	3,0	4,13	3,0	4,13	3,0
Filet avec rênes.	0,34	1,0	»	1,0	»	1,0	»
Croupière avec les traits (*Hinterzeug*). . . .	»	14,50	14,50	12,50	12,50	12,50	12,50
Sac à avoine.	1,75	»	1,50	»	1,50	»	1,50
Avoine pour un jour. . .	7,50	»	22,5	»	22,5	»	22,5
1 ou 2 besaces.	0,63	1,50	»	1,50	»	1,50	»
1 corde à fourrage. . . .	0,41	0,63	»	0,63	»	0,63	»
Fers à cheval de réserve avec clous.	2,88	4,50	»	4,50	»	4,50	»
Brosses, etc.	1,31	1,63	»	1,63	»	1,63	»
1 ou 2 pistolets.	5,56	2,63	»	2,63	»	2,63	»
Manteaux.	7,22	7,25	»	7,25	7,25 (1)	7,25	7,25(1)
Porte-manteau et le contenu. .	13,31	12,50	»	12,50	»	12,50	»
Veste d'écurie.	2,97	3,50	»	3,50	»	3,50	»
Le canonnier complètement armé et équipé.	180,0	180,0	»	180,0	»	180,0	»
Poids par chaque cheval.	266,78	296,15	80,13	288,27	83,63	288,27	83,63

fabrication et ne fait usage que de cuir blanc que l'on ne noircit que quand on veut l'employer. Les résultats qu'elle a obtenus pour la durée des pièces de harnachement se sont montrés très-favorables.

(1) Ces manteaux sont ceux des deux canonniers montés sur le coffret de l'affût.

Tous les chevaux de l'artillerie wurtembergeoise sont attelés à l'allemande, c'est-à-dire tirent sur des colliers. Les chevaux de trait portent ou des selles à l'allemande ou des coussinets; les chevaux de selle au contraire portent la selle à la hongroise. Les chevaux de derrière ont seuls des bras du bas (*Umlauf*). Les porteurs (*Sattelpferde*) et les chevaux de selle (*Reitpferde*) ont des brides et des filets; les sous-verges n'ont que des filets.

Collier (Fig. 19 et 22).

C'est un petit collier allemand dont les attelles (*Kummt-hœlzer*) sont recouvertes par le haut d'une housse. Ces attelles sont visibles des deux côtés dans une largeur de 2" et demi. Les coiffes (*Kummtkissen*) vont du haut en bas en se terminant en pointes. La verge et les coiffes sont recouvertes d'une peau de veau. Les attelles sont assujetties à la coiffe. Le collier peut être allongé ou raccourci en décousant le sommier (*Kummtdeckel*) et en en écartant ensuite les deux parties ou en les resserrant. Il peut être élargi par le bas, ce qui s'exécute en l'étendant au-dessus des bois d'attelage (*Stock*) et en lâchant les courroies d'assemblage.

Un peu au-dessus du quart de la hauteur totale des bois d'attelles sont assujetties deux agrafes de cuir passé en alun dans chacune desquelles est fixé un crochet en fer (crochet d'attelle, *Kummthaken*) dont la figure fait connaître la forme. C'est dans ces crochets qu'est passé l'anneau d'attelle en fer (*Zughafte*) des longes de traits (*Zugblætter*); il est ensuite bouclé avec les petites courroies des crochets de manière à ce que l'anneau ne puisse se décrocheter de lui-même. Sous ces

crochets sont des renforts en cuir (*Scheuerleder*), assujettis
sur le coussinet. Les anneaux *bb*, fixés sur les faces antérieures
des bois d'attelles avec des agrafes en cuir passé en alun,
servent à accrocher les traverses des chaînes d'arrêt (*Steuer-kettenknebel*), et par les anneaux *cc* on passe les rênes de
bride (*Trensenzügel*), quand on veut débrider les chevaux.

'Nous mentionnerons encore ici la longe du timon.
(*Deichselstrick*) qui sert à soutenir ce dernier dans la manœuvre à mettre et à ôter l'avant-train. C'est une corde
pourvue à ses deux extrémités de douilles dans lesquelles se
trouvent des chaînettes avec des bouts de traverse. Le milieu
de cette corde est passé autour d'une traverse en bois.
Quand on veut en faire usage on accroche l'un des deux
bouts de traverse dans l'anneau porte-bride (*Zügelring*) du
collier du cheval de derrière, l'autre bout de traverse est
passé dans un anneau en fer fixé dans le timon immédiatement derrière la coiffe. Dans la manœuvre de mettre et ôter
l'avant-train, le canonnier conducteur saisit la traverse en
bois de la longe du timon, et soulève ainsi le timon.

Prolonge (Fig. 20).

La prolonge se compose en partie de longes de traits
(*Zugblœttern*) en cuir blanc double, à l'extrémité postérieure
desquelles sont cousus les traits (*Zugstrœnge*) ; ces longes de
traits sont longues de 53″ déc. Wurt., et larges de 3, 6′ déc.
Wurt.

L'extrémité postérieure de la prolonge se termine en
pointe ; elle est ourlée dans toute sa longueur, et cousue
avec la corde en allant du derrière à l'avant. Dans la douille

formée par cette disposition est un bout de traverse. C'est avec ce bout de traverse que les traits des chevaux de derrière sont assujettis dans les anneaux porte-traits (*Zugring*), qui se trouvent aux palonniers de la volée de derrière ; ceux des chevaux du milieu le sont dans les anneaux porte-traits de la volée de devant, et ceux enfin des chevaux de devant le sont dans les anneaux en forme de demi-lune cousus au surdos (*Seitenblætter*) des chevaux du milieu. Une longe de croupière (*Ruckrieme*), d'une largeur égale à celle des longes de traits, est assujettie au tiers du devant de la dernière de ces longes de traits et empêche leur abaissement, de même qu'une sous-ventrière (*Bauchriemen*) fixe par le bas les longes de traits.

Selle pour les chevaux de trait (Fig. 20).

.. C'est la selle allemande avec quartiers (*Seitentaschen*) arrondis. Au pommeau (*Vorderpausche*) et au troussequin (*Hinterpausche*) sont trois boucles de courroie (*Packriemenkramme*), et sur chacune des deux bandes (*Trachten*) un étrier et deux boucles (*Gurtkramme*) ; sur le pommeau il y a encore 4 boucles (*Holfterkramme*), avec lesquelles ou assujettit au côté gauche la fonte de pistolet, et au côté droit le porte-ustensiles à nettoyer (*Putzzeugholfter*).

La selle des chevaux de derrière porte au côté droit, au lieu d'un étrier, une traverse de selle appelée *Stegreif* (*fig.* 21). La partie inférieure de cette traverse forme une espèce d'étrier dont la branche extérieure se prolonge dans une forte barre de fer. Cette barre s'étend jusqu'au-dessus du genou du conducteur et est garnie intérieurement d'un coussin qui protége le genou contre la pression de la barre. Dans une ouverture pratiquée à l'extrémité supérieure de cette barre est une courroie qui est bouclée à la partie antérieure du quartier de gauche. La branche intérieure du *Stegreif* est fixée par l'étrivière. Tout ce mécanisme sert au conducteur à le protéger contre les battements du timon.

La sangle d'en bas est une ceinture de toile de lin. Sous la selle est une schabraque couleur bleu de roi. Une poche (*Eisentasche*) est cousue sur l'arrondissement postérieur de chacun des quartiers de la selle. Sous la selle se trouve aussi une couverture de laine longue de 7,5′ déc. Wurt., et large de 5,5′ déc. Wurt.

Selle pour chevaux de selle.

C'est la selle à la hongroise avec coussin en cuir dont les fourches antérieure et postérieure (*Vorder und Hinterzwiesel*) ont des palettes (*Löffel*) percées de trous pour recevoir les courroies de la selle (*Packriemen*). Une couverture de laine, longue de 8′ déc. Wurt. et large de 7,5′ déc. Wurt., sert de renfort à la selle, qui elle-même est recouverte d'une schabraque de drap bleu de roi avec une sellette de peau de mouton noir qui est assujettie par une sangle avec des bras du bas. La selle est garnie de deux fontes de pistolet. Pour approvisionnement complet il y a encore, indépendamment du porte-manteau, un sac à ustensiles à nettoyer et un sac à avoine, une musette (*Fressbeutel*), un sac à fer (*Eisentasche*), un sachet pour les bottes, un autre à toilette et une fourragère.

C'est ici la place de faire connaître comment les artilleurs à cheval assujettissent leurs sabres à la selle pendant le service des bouches à feu. Sitôt que le commandement est donné de se préparer à la manœuvre, les canonniers débouclent les courroies qui portent le sabre et le tiennent suspendu (*Trage und Schweberiemen*), introduisent la partie inférieure du fourreau dans une douille cousue au côté gauche de la schabraque, et accrochent l'anneau supérieur du fourreau dans une traverse en fer qui est assujettie à une courroie bouclée dans le trou de la palette postérieure. Une courroie fixée dans la chaînette de la traverse empêche le sabre de tomber hors du fourreau.

Croupière (Hinterzeug) *pour les chevaux de derrière* (Stangenpferde) (Fig. 20).

Elle ne consiste pas en un bras du bas (*Umlauf*) isolé, mais elle est réunie aux longes de traits. Elle est composée de la longe supérieure *a* (*fig.* 20), de la longe inférieure *b*, de la courroie de suspension *d*, de l'agrafe *e*, de la courroie de suspension *f* et de l'avaloire. La longe supérieure *a* et la longe inférieure *b* sont unies ensemble par la pièce *c*. L'assemblage de ces parties entre elles et avec la selle et les longes de traits est facile à reconnaître par la figure 20.

Croupière pour les chevaux du milieu et de devant (Fig. 22).

Elle consiste en un culeron (*Schwanzriemen*), et en une longe de croupière (*Ueberrückriemen*) qui remplace la longe de suspension des autres harnachements. Elle est mise en rapport avec de culeron, par le moyen d'une bandelette de liaison et avec les longes de traits par le moyen d'une arondelle à boucle (*Schnallstœssel*).

Garniture de tête des chevaux de selle.

Elle se compose d'une bride à branches (*Stangenzaume*), d'un filet (*Unterlegetrense*) et d'un licou de campagne (*Feldhalfter*). L'artillerie wurtembergeoise emploie trois espèces de mors à branches, le mors léger, le mors affilé et l'embouchure à pas d'âne.

Les deux premiers ne diffèrent entre eux que par une plus ou moins grande liberté qu'ils laissent à la langue du cheval ; leur embouchure est entière.

Garniture de tête des chevaux de trait.

Porteurs. — Têtière et brides (*Fig.* 23 et 24).

La garniture de tête des chevaux de trait est fort simple. Elle se compose de la têtière du licou (*Halfterkopfgestell*) avec le frontal (*Stirnriemen*), aux deux côtés duquel, en place des chaînons qu'on emploie ordinairement, sont cousus des œils en fer (*dreifache eiserne Vierecke*), pour fixer le mors. Les montants (*Backenstücke*) sont cousus dans la branche supérieure du carré du milieu, le mors est accroché dans la branche inférieure.

La muserolle est fixée dans les œils antérieurs des deux

carrés, la fausse gourmette l'est dans les œils postérieurs.
La sous-gorge se compose d'une fourche (*Schnallstrippe*) et
d'une arondèlle à boucle (*Schnallstössel*). Derrière les montants, aux deux côtés de la muserolle, est cousu un anneau
demi-circulaire dans lequel on fait entrer les traverses du
mors du filet (*Trensengebiss*). La sous-gorge et la fausse
gourmette sont unies par une douille en cuir, sur laquelle
l'anneau de la longe du licou (*Halfterriemenring*) peut se déplacer. On emploie ordinairement les brides à branches
(*Stangenzügel*) et les brides à filet (*Trensenzügel*).

Mors (Fig. 25).

Le mors a des branches recourbées en avant avec des
chaînons tournants (*Wirbelzügelringe*); les branches, au
lieu de se terminer par le haut dans une œillère, finissent
en un crochet recourbé extérieurement et ayant la largeur
des branches. La branche est accrochée avec ce crochet
dans les œils en fer dont nous avons déjà parlé. Le
mors du filet est celui qu'on emploie ordinairement; dans
les anneaux de la bride sont deux chaînettes avec traverses,
avec lesquelles on assemble le mors dans les anneaux
demi-circulaires de la fausse gourmette.

On voit par ce que nous venons de dire que la têtière
du licou (*Halfterkopfgestell*) réunit le service de la têtière
(*Hauptgestell*), du filet et du licou, et qu'on peut donner à
manger aux chevaux sans les débrider.

Garniture de tête des sous-verges (Fig. 26).

La garniture de tête des sous-verges est la même que celle des porteurs, avec cette seule différence que la boucle de la têtière (*Kopstück*) pour ces derniers se trouve à gauche, tandis que pour les premiers elle se trouve à droite. Le mors (*fig.* 25) est le mors du filet (*Trensengebiss*) décrit précédemment. Dans les anneaux de la bride est fixée une gourmette dont le tiers extérieur consiste en un étrier (*Bügel*), et les deux autres tiers intérieurs en une chaîne. Sur cette gourmette est un anneau mobile dans lequel est cousu la bride (*Handzügel*) pour diriger le sous-verge. Cette bride se lie dans un anneau au côté droit de la selle; le canonnier conducteur la porte dans sa main gauche avec la bride du porteur. La bride d'attache (*Ausbindezügel*) est fixée dans l'anneau droit porte-rênes du mors du filet, et lié au côté droit du collier dans un trou pratiqué dans une agrafe (*Randhafte*). Les deux brides ont une longueur de 7 déc. Wurt.

CHARGEMENT DES CHEVAUX PENDANT LA MARCHE.

Chevaux de selle (Reitpferde).

La veste de coutil est roulée avec le manteau et bouclée sous la palette de la fourche antérieure. Le porte-manteau contient d'un côté un pantalon garni en cuir, un caleçon, une chemise, une paire de chaussons, un livret, et une brosse à habits; de l'autre côté il renferme un collet, une chemise, un mouchoir de poche, un essuie-main, une cravate et un sachet pour serrer les objets de couture. Le sac à avoine se boucle sous le porte-manteau s'il est vide, et dessus s'il contient de la provision. Il contient quinze livres d'avoine qui forment la ration pour deux jours.

Le sachet pour bottes (*Stiefelsæckchen*) se lie autour de la fourche de derrière de manière à ce que les bottes se trouvent de chaque côté en avant et sous le porte-manteau. Derrière la fonte de pistolet de droite sont suspendus le sachet renfermant les ustensiles de toilette du canonnier et la musette; derrière celle de gauche est le sac à ustensiles à nettoyer les chevaux. La corde à fourrage, dans lequel on enveloppe encore une corde de campement, est attachée derrière la cuisse du canonnier, et le sac à fer (*Eisentasche*) derrière la cuisse gauche.

·

Chevaux de trait (Zugpferde).

Le chargement des chevaux de trait ne diffère de celui des chevaux de selle qu'en ce que les ustensiles à nettoyer les chevaux sont placés dans la fonte du côté gauche, que le sac à toilette du canonnier conducteur se trouve derrière cette fonte, et que la musette est suspendue derrière la fonte du pistolet. Les fers à cheval et les clous sont serrés dans les deux sacs à fer.

Les chevaux de devant et les sous-verges du milieu portent sur le coussinet de la selle (*Packkissen*) les manteaux des deux canonniers conducteurs (1).

---

(1) Les portemanteaux de ces deux canonniers se trouvent dans la fourragère du caisson à munitions qui suit la bouche à feu.

CHAPITRE VI.

ARMEMENT DES CANONNIERS.

HABILLEMENT ET ARMEMENT DE L'ARTILLERIE A PIED.

L'uniforme de l'artillerie à pied est l'habit bleu de roi à deux rangées de boutons et le pantalon de drap de la même couleur. L'habit a un collet et des revers noirs avec passe-poil rouge et garniture également bordée de passe-poil rouge. La buffleterie est fixée sur les épaules avec de petites épaulettes de drap noir, garnies de ruban blanc peu large et doublées en rouge. La coiffure est le shako en feutre orné d'une gourmette noire (*Schuppenketten*) et d'un écusson (*Schilde*) en fer en forme de demi-lune. Les boutons sont en métal blanc et portent deux canons en sautoir.

L'armement consiste en un mousqueton et en une serpe (*Faschinenmesser*). La première arme est à silex; elle a le même calibre que le fusil de l'infanterie; sa longueur totale, y compris la baïonnette, est de 5,4 déc. Wurt. La longueur du canon est de 48 de calibres et demi. La charge est de un demi-loth; la balle pèse un loth et sept neuvièmes. Le poids total du mousqueton, baïonnette comprise, est de huit livres douze loth; pendant la manœuvre, les servants le portent par sa bretelle sur l'épaule gauche, de sorte que la crosse est au côté droit dirigé vers la terre et l'embouchure du canon au côté gauche. La serpe et la giberne, suspendues à des buffleteries blanches, sont portées sur l'épaule. Le havre-sac se porte à des courroies de cuir blanc garnies d'un poitrail.

HABILLEMENT ET ARMEMENT DE L'ARTILLERIE A CHEVAL.

L'habit de l'artillerie à cheval est le même que celui de l'artillerie à pied. Elle porte le pantalon de toile collant, bordé de passe-poil rouge.

Elle porte l'épaulette à mailles de fer, bordée d'un passe-poil noir et doublée en rouge. La coiffure et le colback en peau d'ours avec gourmette blanche. Le sabre est porté en ceinturon avec une bricole en cuir blanc. Les artilleurs portent des gants en peau blanche quand ils sont en service; ils sont armés de deux pistolets et du sabre de cavalerie, porté dans un fourreau de fer.

HABILLEMENT ET ARMEMENT DES SOLDATS DU TRAIN.

Les soldats du train portent le même uniforme que les canonniers à cheval. Leur coiffure est le shako en cuir avec de longs cordons rouges, qu'on attache autour du cou pour empêcher le shako de tomber. Ils sont armés d'un pistolet et du sabre de cavalerie, avec fourreau de fer, qu'ils portent comme les canonniers de l'artillerie à cheval. Pendant le service ils portent des gants en peau blanche.

CHAPITRE VII.

POUDRE ET MUNITIONS.

POUDRE DE GUERRE.

La poudre qu'emploie l'armée wurtembergeoise n'est pas fabriquée par le gouvernement, mais dans des établissements particuliers. Les poudreries qui fournissent la poudre de guerre sont celles de Rottweil, Tubingue, Reutlingen, Kochen et Menzingen.

L'armée wurtembergeoise emploie deux espèces de poudre de guerre, la poudre à canon et la poudre de mousqueterie. Le pied cube de la première espèce pèse, terme moyen, 44 livres; celui de la seconde espèce, 48 livres. Les opérations de préparation, trituration, mélange, s'exécutent de la même manière pour les deux espèces de poudres ; celles-ci ne diffèrent entre elles que par la grosseur des grains.

Matières premières.

Salpêtre.

Le salpêtre se tire soit du Wurtemberg même, soit des ports de provenances des Indes orientales. Le raffinage se fait par les fabricants eux-mêmes.

Soufre.

Les fabricants de poudre se le procurent également dans le commerce.

Charbon.

Le charbon se fait dans les poudreries en des cylindres en fer avec du bois de bourdaine (*Faulbaumholz*).

Mélange.

On ne prescrit point aux fabricants de poudre dans quelle proportion le mélange doit être fait; ils ne sont soumis qu'à des conditions relatives à la bonne qualité des poudres qu'ils fournissent.

Fabrication de la poudre.

La poudre se prépare dans des moulins à pilons. Les différentes parties dont elle se compose sont d'abord convenablement triturées et pesées dans un rapport exact avec la masse que doit recevoir chaque mortier (*Stampftrog*); puis on met dans celui-ci le charbon avec deux livres d'eau. Après un battage de vingt minutes à quarante coups par minute, on ajoute le salpêtre, sur lequel on verse ensuite le soufre afin qu'il ne colle pas ; on mélange bien les trois matières à la main, et on fait battre avec la vitesse de soixante coups par minute. Après chaque heure de battage (pendant 12 heures), on fait passer les matières d'un mortier dans un autre. Le douzième rechange étant effectué, le battage dure encore deux heures, pour laisser la composition se lier, prendre du corps et se former en galette. Si, après ces 14 heures de battage on s'aperçoit par le toucher que la pâte n'a pas encore obtenu la finesse voulue, on le continue. De deux heures en deux heures on arrose le mélange avec un peu d'eau, de sorte que pendant le temps de battage l'eau ajoutée soit de huit à neuf pour cent du mélange qui se trouve dans le mortier et qui pèse ordinairement de six à sept livres.

La granulation s'exécute dans des cribles à fond de parchemin ou de fil d'archal par l'action d'un *tourteau* ou disque de bois ou de cuivre ; plusieurs cribles sont ainsi placés sur un châssis auquel une roue, mue par l'eau, imprime un mouvement de va-et-vient. Sur cent parties de mélange on obtient soixante parties de grains de poudre et quarante parties de poussier. Les grains sont arrondis dans des sacs de coutil sur une table ronde garnie de lattes. Le séchage s'opère par deux moyens : 1° à l'air libre en été ; 2° à l'air échauffé en hiver.

L'égalisation se fait par trois cribles métalliques posés l'un sur l'autre ; le premier retient les grains trop gros, et laisse tomber dans le second les grains des deux autres sortes de poudre; le second laisse passer la poudre de monsqueterie, et le troisième sépare les grains trop fins ou poussier.

Les poudres de guerre, après avoir été versées dans des sacs en coutil, sont mises dans des barils de la contenance d'un quintal et dont les cercles sont en bois.

Eprouvette.

Pour juger de la force et de la qualité de la poudre de mousqueterie, on se sert de l'épreuve par barres (*Stangenprobe*) dont le petit mortier contient une charge de 1 gros de poudre. La bonne poudre doit frapper 80 degrés.

L'épreuve de la poudre à canon se fait avec le mortier-éprouvette, fondu sur une plate-forme de métal sous un angle de 45 degrés; cette plate-forme est fixée sur un bloc de bois.

La chambre de l'éprouvette est cylindrique et contient une charge de 8 loth de poudre.

Le globe est en métal et pèse 64 livres. Son diamètre est de 6,61 pouces; sa portée normale de 1170′ à 1330′ déc. Wurt. La poudre, indépendamment de cette épreuve, est encore soumise à une épreuve chimique.

Un quintal de poudre coûte à l'Etat 39 florins rendu à l'arsenal, baril et sac compris; ou la livre à 23 kreutzer et deux cinquièmes.

Projectiles et charges. — Leur chargement.

BOUCHES À FEU.	BOITES A BALLES.					BOULETS ET OBUS.							
	POIDS			DIAMÈTRE des balles.	NOMB. DES BALLES dans une boîte.	POIDS				DIAMÈTRE			DIAMÈTRE DU vent moyen.
	des balles.	de la boîte.	de la charge.			du boul. ou de l'ob. vid.	de la charge d'explo.	de l'obus chargé d. le sab.	de la charge entière.	du projectile.	de la grande lunette.	de la petite lunet.	
	en loth.	en livres.	en livres.	p. d. Wurt.		en livres.	en livres.	en livres.	en livres.	p. déc. Wurt.	p. déc. Wurt.	p. déc. Wurt.	p. déc. Wurt.
Canon de 12. .	12	16,438	3	1,23	42	11,78	»	»	3	4	4,02	3,98	0,12
	4	16,406		0,98	84								
Canon de 6. . .	4	8,265	1 1/2	0,98	42	5,89	»	»	1 1/2	3,1605	3,18	3,14	0,10
Obusier de 10.	12	35,875	1 5/8	1,23	64	21,875	1/21. de poudre, 1/21. de matière inflamm. 2 loth d'étoup.	22 livres sans sabot.	1 5/8	5,585	5,71	5,63	0,10

Munitions à canons.

CARTOUCHES A BOULET.

La charge du boulet de 4 est contenue dans un sachet d'é-
tamine dont le fond est hémisphérique et formé de la même
manière que les sachets employés dans l'artillerie néerlan-
daise. Sur la poudre est un sabot en bois dont la forme est
exactement la même que celle des sabots introduits dans
l'artillerie française. Le sabot étant placé sur la poudre, on
fixe le boulet, qu'on recouvre du sachet; les deux bords de
celui-ci sont lacés, au moyen d'une aiguille, de ficelles
serrées de manière à ce qu'on puisse entrevoir du boulet une
surface circulaire de 1,2″ à 1,5″ de diamètre. A la distance
de 0,6″ de cette couture et parallèlement à elle on en fait
une seconde, et enfin avec une ficelle un peu plus forte que
celle dont nous venons de parler on lie la cartouche (*Pa-
trone*) dans la rainure du sabot.

CARTOUCHES A BALLES.

Il n'y a qu'une espèce de balles pour le canon de 6; elles
pèsent 6 loth, et la boîte en contient 42. Pour le canon de
12 on se sert des balles de 6 loth et de celles de 12 loth; la
boîte contient 84 balles de la première espèce et 42 de la seconde. La charge est égale à celle de la charge à boulet. La
boîte et la gargousse sont réunies. La boîte se compose d'un
cylindre en fer-blanc et d'un culot en tôle soudé. Sur le fond
de la boîte est fixé un sabot en fer.

Pour donner plus de fixité aux cartouches pendant le transport, on place, en chargeant les boîtes, entre les balles des tasseaux d'une longueur égale à la hauteur des boîtes, de manière que les balles se trouvent axe sur axe. Toutes les couches étant placées, on recouvre la couche supérieure de poils de veau ; on place dessus le couvercle en fer, sur le bord duquel on rabat les franges de la boîte. Lorsque la boîte est réunie avec la charge, on recouvre d'abord cette dernière d'une couche de poils de veau, puis la boîte, le sabot de fer en avant, est mise dans le sachet ; pour la couture de ce dernier on observe la même chose comme pour les cartouches à boulet, de manière que la boîte entière est recouverte d'étamine.

CHARGEMENT DES MUNITIONS A CANONS (*Fig.* 27, 28, 29).

Ces munitions sont disposées verticalement. Les coffres à munitions d'avant-train d'affût et de caisson du canon de 6 sont divisés en petites cases par des séparations parallèles aux côtés. Ces petites séparations dépassent la moitié de la hauteur de la cartouche. Deux séparations plus fortes (*Kastenriegel*) de la hauteur du coffre partagent le coffre de caisson en trois compartiments égaux ; une séparation égale à ces deux dernières sur le derrière du coffre forme une case pour recevoir les fusées et les cartouches d'infanterie. La disposition intérieure du caisson à munitions de 12 est en tout point la même que celle du caisson de 6. Le coffre d'avant-train d'affût du canon de 12 est divisé en 9 cases par des séparations basses parallèles aux côtés.

Les cartouches sont placées dans les cases sur un tortillon de paille recouvert d'une couche d'étoupe. La cartouche est entourée d'étoupe jusqu'aux deux tiers de sa hauteur. Le boulet est en dessous, les interstices sont remplis d'étoupe.

La figure 27 indique le chargement d'un coffre d'avant-train d'affût de 6; la figure 28 représente celui d'un coffre de l'arrière-train de caisson de 6, et la figure 29 celui d'un coffre d'avant-train d'affût de 12.

Munitions d'obusiers.

OBUS FOUDROYANTS (*Sprenggranaten*).

L'obus concentrique est fixé dans un sabot conique par des bandelettes de toile. L'obus est ensaboté et la fusée exactement tournée vers le haut. Les bandelettes de toile, dont les deux extrémités sont cousues en forme de douilles, sont clouées par leur milieu sur le point du milieu de la face inférieure du sabot; on croise ces extrémités autour du sabot et de l'obus et on les fixe, par le moyen d'un fil passé dans les douilles, sur la partie supérieure de l'obus. Ensuite on enduit cette ceinture de colle qu'on frotte fortement. L'obus est fixé sur le sabot par trois de ces ceintures. La charge explosive, qui est de 16 loth de poudre, contient de plus 16 loth de composition incendiaire et 2 loth d'étoupe pelotonnée. Avant de remplir l'obus, on enduit de poix les parois intérieures. Pour faciliter le maniement de l'obus, on fixe dans les anses un fort cordage.

Le poids de l'obus est de 22 livres et demie.

OBUS INCENDIAIRES (*Brandgranaten*).

Le diamètre et l'épaisseur des obus incendiaires sont les mêmes que ceux des autres obus. Ils sont pourvus d'une embouchure et de quatre œils (*Brandlœcher* ; leur milieu se trouve sous des angles droits de 0,5" déc. Wurt. au-dessus du plus grand cercle horizontal. Le diamètre de ces œils cylindriques est à peu près des deux tiers du plus grand diamètre de l'embouchure.

Les obus sont munis de deux anses en fonte.

La roche à feu dont on les emplit se compose de 2 parties et demie de soufre, 4 de salpêtre, 2 de résine, 1 de pulvérin, 1 quart de poudre en grains ; elle se prépare à chaud. Après avoir versé dans l'obus 7 parties de poix noire, 1 et un cinquième de poix jaune, 1 et un cinquième de térébenthine, 2 de résine et 1 et un huitième de cire jaune, et avoir bouché les œils avec des tampons de bois, on introduit la composition incendiaire. Avant que celle-ci ne soit entièrement refroidie, on sort les tampons de l'embouchure et des œils, et on les fore de manière à ce que les cinq orifices se réunissent dans le milieu de l'obus ; on les remplit ensuite de composition ; et, après avoir enfoncé la fusée par les bouts placés en croix, on coiffe l'obus, et on recouvre les œils avec du papier collé. La coiffe s'exécute de la manière suivante : on colle sur l'obus, autour de son embouchure, un cercle en étamine, sur lequel on place ensuite un cercle en bois, qu'on fixe avec un fil aux anses de l'obus ; puis on remplit de pulvérin l'espace vide résultant de cette opération, on le recouvre d'une plaque de papier, on place sur le tout une coiffe de toile trempée préalablement dans un mélange de poix et de cire, et on colle cette coiffe sur l'obus.

Le poids moyen de l'obus ainsi préparé est de 24 livres trois quarts. Il brûle pendant quatre à cinq minutes.

BOITES A BALLES D'OBUSIER (*Haubitzkartœtschen*).

Un demi-cercle mobile est assujetti sur le couvercle supérieur de la boîte au moyen de deux lames fixées par deux clous rivés : ce demi-cercle sert d'anse.

Le chargement des boîtes à balles s'effectue de la même manière que celui des boîtes à balles pour canons. La boîte contient 64 balles du poids de 12 loth chacune. La couche de balles supérieure est recouverte d'une couche de poils de veau, sur laquelle on place le sabot de fer (*Eisenspiegel*) de l'épaisseur de 0,2″ déc. Wurt., et sur celui-ci le sabot de bois conique (*Holzspiegel*), sur lequel on fixe, au moyen de clous, la boîte, encochée huit fois.

GARGOUSSES (*Kartuschen*).

Toutes les gargousses sont de forme cylindrique et liées en dessus avec une corde.

Il y a différentes espèces de charges ; savoir, à 4 huitièmes, 6 huitièmes, 10 huitièmes et 13 huitièmes de livre. La plus forte charge est donc de 1 quatorzième du poids de l'obus, et la moindre de 1 quarante-sixième du poids du même projectile. Il n'y a pas de charges auxiliaires pour la compo-

sition de différentes charges. Les approvisionnements de
campagne en charges se font dans cette proportion ; savoir : 6 vingt-cinquièmes des plus grandes charges ; 12
vingt-cinquièmes des moins grandes, 4 vingt-cinquièmes
des plus petites, et 21 vingt-cinquièmes des moins petites.

CHARGEMENT DES MUNITIONS D'OBUSIER (*Fig.* 30, 51, 52).

Ces munitions, dans l'avant-train, sont disposées hori-
zontalement en six cases formées par une séparation parallèle et par deux autres perpendiculaires aux côtés du coffre.
Les projectiles sont debout sur leur sabot et placés sur un
tortillon de paille et une couche d'étoupes dans le fond des
cases.

Les gargousses se trouvent dans un coffre dit *Einsatzkasten* recouvrant 6 obus.

Le caisson à munitions est divisé en cases par des séparations perpendiculaires aux côtés ; il a deux *Einsatzkasten*
dont l'un pour les gargousses et l'autre pour les obus. Celui-ci se trouve dans le compartiment du milieu, celui-là
dans celui du devant.

La figure 30 représente le chargement du coffre de l'arrière-train de munitions d'obusier ; la figure 31 montre le
coffre de l'avant-train sans *Einsatzkasten* pour les gargousses,
et la figure 32 donne le dessin du même coffre avec un *Einsatzkasten*.

Artifices de guerre (1) (Zundungen).

Etoupilles (*Schlagrœhren*).

ÉTOUPILLES A PERCUSSION (*Schilfschlagrœhren*) (*Fig. 33*).

Les étoupilles à percussion consistent en un roseau,
long de 2,4″ déc. Wurt., et en un godet en bois, haut
de 0,4″ déc. Wurt. Le roseau est collé dans cette dernière
pièce, sur la facette supérieure de laquelle et dans la
direction du diamètre sont deux entailles, et sur la pé-
riphérie une cannelure. La confection des étoupilles s'o-
père de la manière suivante : on prend un bout de mèche
à étoupilles qu'on met dans de l'amorce d'artifice mouil-
lée, puis dans de la poudre demi-écrasée. On introduit
ensuite la mèche en double dans le roseau, et on l'y fait
passer, en tournant du haut en bas, au moyen d'un crochet
en fil de fer; après cela on passe les deux bouts de la mèche
dans les deux entailles pratiquées dans le godet, qu'on remplit de pulvérin et que l'on coiffe avec un morceau de mous-
seline macéré dans du vinaigre et du pulvérin.

---

(1) Il est bon de remarquer ici que, dans l'artillerie de campagne
wurtembergeoise, la fabrication des capsules pour les armes à percussion fait partie, depuis quelques années, des travaux réglemen-
taires. La moitié de l'infanterie en général est armée de fusils à percussion.

Amorces fulminantes (*Perkussionszündungen*) (*Fig.* 34).

L'artillerie wurtembergeoise a fait déjà différents essais d'amorces fulminantes, sans qu'elle se soit décidée jusqu'à présent pour l'adoption des unes et des autres. Les étoupilles à percussion de *Robert* ont seules mérité qu'on les prît en considération.

Ces étoupilles sont des roseaux qu'on charge de poudre de chasse battue sur broche. Pour les préserver de l'humidité, on introduit l'extrémité supérieure du roseau dans une capsule en cuivre, avec laquelle on la colle ensuite. On traverse cette capsule d'un tuyau de cuivre très-mince rempli de poudre muriatique. On enveloppe la tête de l'étoupille d'un morceau de papier brouillard, qu'on colle avec la capsule afin de lier et de fixer le tout ensemble. Ensuite on trempe l'étoupille et la capsule dans du vernis à gomme-laque broyée avec du cinabre pour les préserver de l'humidité.

Pour mettre le feu à ces étoupilles on se sert d'un marteau creux qui, par le moyen de la traction d'une courroie, frappe sur les deux côtés du petit tuyau de cuivre, et enflamme ainsi l'étoupille.

Fusées de projectiles creux (*Zünder*) (*Fig.* 35).

Les fusées de projectiles creux sont faites en bois de hêtre blanc. Elles n'ont pas de tête ; elles consistent en deux cônes raccourcis de longueur inégale. Le cône supérieur s'adapte exactement dans l'œil de l'obus, mais sa partie supérieure le dépasse de plusieurs lignes.

La composition des fusées de projectiles creux consiste en 2 parties de salpêtre, 1 de souffre et 2 à 2 et demie de pulvérin.

4,2″ déc. Wurt. brûlent 16 secondes.

Mèche à canon (*Lunte*).

La mèche à canon se fait avec le déchet du lin façonné en cordes légèrement serrées qu'on fait macérer pendant 24 heures dans une lessive de 13 parties d'eau-forte, 10 parties d'acélate de plomb et 77 parties d'eau. Après cette préparation on tend fortement la corde, on l'étire, et on la fait sécher. Un demi-pied déc. Wurt. brûle 40 à 45 minutes.

Lances à feu (*Zündlichte*).

La composition des lances à feu est formée de 20 parties de salpêtre, 2 d'huile de lin, 8 de soufre, 4 de pulvérin et 3 de poudre de chasse. Les lances à feu sont légèrement battues dans des chandeliers en bois. La durée de leurs feux, suivant qu'elles sont plus ou moins sèches, est de 12 à 15 minutes.

DEUXIÈME PARTIE.

ORGANISATION.

CHAPITRE PREMIER.

COMPOSITION DES BATTERIES DE CAMPAGNE ET DES PARCS.

Composition des batteries de campagne de l'artillerie wurtembergeoise.

CALIBRE et nature des batteries.	CANONS.	OBUSIERS.	CAISSONS			FORGES.	TOTAL des voitures.
			à cartouches.	d'obus de 10.	chariots de batterie.		
Batterie de 6 à cheval.	6	2	9	4	2	1	24
Batterie de 12 à pied.. ...	6	2	9	4	2	1	24

COMPOSITION DES BATTERIES DE CAMPAGNE.

Le nombre des bouches à feu des batteries de campagne est fixé à 8, dont un quart d'obusiers. L'obusier de 10 est employé tant dans les batteries légères que dans les batteries de gros calibre. Il y a en outre dans chaque batterie deux autres voitures par chaque bouche à feu.

Batteries de 12.

Elles sont composées de 6 canons de 12 et de 2 obusiers de 10. Outre les 6 caissons à munitions attachés aux canons, elles mènent encore à leur suite un caisson de parc par deux pièces de canon. Quatre caissons d'obusiers sont encore attachés à ces batteries. Indépendamment de ces caissons à munitions, chaque batterie possède de plus deux caissons de parc et une forge, ce qui porte le nombre total des voitures de la batterie à 24. Les batteries de 12 sont exclusivement servies par l'artillerie à pied.

Batteries de 6.

La composition de ces batteries est en tout point la même que celle des batteries de 12. Le service en est fait exclusivement par l'artillerie à cheval.

COMPOSITION DU PARC DE DIVISION (*Munitionspark*).

L'organisation de ce parc ne se faisant que lors de la mobi-
lisation du huitième corps de la Confédération on ne peut
rien dire de certain de sa composition. Il n'est guère possible
non plus de déterminer le nombre des voitures dont ce parc
peut être composé, parce que les caissons à munitions qui y
sont attachés ne sont que de simples chariots à banne, dans
lesquels on charge les munitions.

Ce parc ne devant consister qu'en 30 voitures, nous pou-
vons seulement dire ici que, dans le cas de sa formation, il
doit être composé, pour la division wurtembergeoise faisant
partie du huitième corps de la Confédération germanique,
de trois colonnes de parcs, approvisionnées d'une réserve
suffisante de munitions de tous calibres pour la division.

Approvisionnement en munitions des avant-trains et caissons d l'artillerie de campagne wurtembergeoise.

DÉSIGNATION des munitions et artifices.	AVANT-TRAINS			CAISSONS		
	canons de		obu-siers de 10.	gargousses de		obus de 10
	12	6		12	6	
Nombre total des coups..	21	32	10	79	118	46
Cartouches à boulet. . .	15	26	6	67	100	»
Obus foudroyants (*Spreng-granaten*) ensabotés..	»	»	»	»	»	38
Obus incendiaires (*Brand-granaten*).	»	»	»	»	»	4
Boîtes à balles..	6	6	4	12	18	4
Sachets à 1 5/8 liv. de poudre.	»	»	8	»	»	8
Sachets à 1 2/8..	»	»	8	»	»	20
Sachets à 6/8.	»	»	4	»	»	40
Sachets à 4/8.	»	»	4	»	»	20
Étoupilles..	50	50	50	100	150	50
La ces à feu..	10	10	10	10	10	10
Pulvérin en livres. ...	3	1/2	»	»	»	1
Mèches en bottes.	»	1/4	1	»	2	»

Approvisionnement des batteries de campagne et des parcs de réserve en munitions et assortiments.

L'approvisionnement en munitions mobiles est fixé, en campagne, par la Confédération ainsi qu'il suit ; savoir :

> Pour le canon de 6,   346 coups,
> Pour le canon de 12,   300 coups, et
> Pour l'obusier   230 coups.

Ce nombre de coups, eu égard à l'organisation des batteries de campagne de l'artillerie wurtembergeoise, est réparti, dans ces batteries et dans le parc de réserve de la division, de la manière suivante :

Dans l'avant-train d'affût :

> 21 coups pour le canon de 12,
> 32   »   »   6,
> 10   » pour l'obusier de 10.

Dans les caissons à munitions des batteries :

> 117 coups pour le canon de 12,
> 117   »   »   6,
> 92   » pour l'obusier de 10.

Dans les caissons du parc de réserve de la division :

> 162 coups pour le canon de 12,
> 137   »   »   6,
> 128   » pour l'obusier de 10.

Total : 300 coups pour le canon de 12,
      346   »   »   6,
    230   » pour l'obusier de 10.

Le nombre des boîtes à balles dans le nombre total de ces coups est d'environ :

    1/4 pour le canon de 12,
    1/6   »   »   6,
    1/7   » l'obusier de 10.

Aux termes des règlements de la Confédération germanique, il devra y avoir encore pour tous les calibres, en dépôt à 24 milles derrière l'armée, un approvisionnement de réserve égal à la moitié des munitions mobiles de campagne. Le rapport des boîtes à balles au nombre total des coups est, suivant les mêmes règlements, de 1 quart à 1 sixième.

L'approvisionnement des munitions à giberne pour l'infanterie et la cavalerie est réglé pour chaque homme de la manière suivante :

	CARTOUCHES	
	d'infant.	de caval.
Dans la giberne.	40	30
Dans le caisson à munitions du bataillon.	30	40
Dans le caisson à munitions du parc. . .	130	20
Total.	200	120

CHAPITRE II.

CHARGE DES VOITURES ET ATTELAGE (*Lastverhœltnisse und Bespannung*).

Poids de l'artillerie de campagne wurtembergeoise en livres.

DÉSIGNATION DES PARTIES.	CANONS		OBU-SIERS
	de 12.	de 6.	de 10.
A. *Bouches à feu.*			
Bouche à feu..............	1636	850	900
L'affût avec essieu et coffret........	867	696	900
L'avant-train sans roues..........	590	590	590
Les deux roues de l'affût...........	474	412	474
Les deux roues de l'avant-train.....	318	318	318
Armements et approvisionnements, y compris 14 livres d'eau dans le seau.	156	124	138
Munitions dans l'avant-train........	356	260	253
Volée de devant.............	19	19	19
2 canonniers montés sur le coffret de l'affût.................	»	300	300
Poids total de la bouche à feu......	4416	3569	3892
Charge par cheval.............	552	595	649

DÉSIGNATION DES PARTIES.	CANONS		OBU-SIERS
	de 12.	de 6.	de 10.
B. *Caissons*.			
Arrière-train avec coffret et essieu...	733	733	733
Les deux roues...........	412	412	412
Munitions dans l'arrière-train.	948	681	957
2 canonniers montés sur le coffret d'arrière-train...........	‖	300	300
Avant-train vide avec les roues.....	908	908	908
Munitions dans l'avant-train.......	356	260	280
Une roue d'affût de rechange.......	165	165	165
‖ d'avant-train ‖	(139)	(139)	(139)
Autres armements et approvisionnements..............	175	175	175
Poids total de la voiture (avec une roue d'affût).............	3697	3647	3930
Charge par cheval...........	616	606	655
C. *Affûts de rechange*.			
Affût armé et approvisionné (Poids de l').	2372	2098	2412
Charge par cheval...........	593	525	602

DÉSIGNATION DES PARTIES.	CHARIOTS de batterie.	FORGES.
D. _Autres voitures_.		
Arrière-train et roues.	1482	1737
Avant-train et roues.	650	717
Chargement.	1642	1125
Poids total de la voiture.	3774	3579
Charge par cheval.	944	895

E. POIDS RELATIFS A LA MOBILITÉ.	CANONS		OBU-SIERS
	de 12.	de 6.	de 10.

a. *Bouches à feu.*

	de 12.	de 6.	de 10.
Pression de la crosse d'affût 2″ du terrain avec bouche à feu..	315	263	295
Id. sans bouche à feu.	307	254	»
Id. sur la cheville ouvrière avec bouche à feu.	195	201	»
Id. sans bouche à feu.	280	235	»
Id. avec les servants sur le coffret. .	»	381	»
Poids du bout du timon uni à la volée de devant { quand la bouche à feu est unie à son avant-train..	19	4	»
quand la bouche à feu n'est pas unie à son avant-train. . .	78	66	»
avec les servants sur le coffret..	0	0	0

b. *Caissons à munitions.*

	de 12.	de 6.	de 10.
Pression de l'arrière-train sur la cheville ouvrière { non chargé.	»	100	»
chargé..	»	315	»
avec les servants sur le coffret.	»	441	»
Poids du bout du timon { chargé..	»	»	»
non chargé.	»	22	»
avec les servants sur le coffret.	»	»	»

Nous avons vu dans la description de la construction du matériel de campagne que la solidité et la durée, jointes à une mobilité proportionnée, sont les qualités principales qu'il faut chercher à procurer aux pièces. Les bouches à feu de l'artillerie wurtembergeoise peuvent être appelées lourdes en les envisageant sous le rapport de leurs charges ; tandis qu'elles peuvent être nommées légères si on les considère relativement à la force nécessaire pour les mettre en mouvement.

Le canon de 12 est attelé de 8 chevaux; celui de 6, l'obusier de 10 et les caissons à munitions des batteries le sont de 6 chevaux, et les autres voitures seulement de 4. La charge par cheval, pour le canon de 12, est de 5 quintaux, et de 5 quintaux et demi pour celui de 6; elle est d'environ 6 quintaux (1) pour l'obusier de l'artillerie à cheval, et seulement de 5 quintaux et demi pour celui de l'artillerie à pied.

L'examen du tableau précédent fait voir que la force exigée pour mettre et ôter l'avant-train est assez considérable. Pour le canon de 6, les deux canonniers qui montent sur le coffret de l'avant-train impriment un mouvement d'oscillation au timon; pour le canon de 12 les chaînes d'arrêt (*Steuerketten*) donnent encore aux chevaux de derrière un surcroît de poids de dix-neuf livres. Toutefois, comme les chevaux du milieu tirent à une volée de devant, ce surcroît de poids ne devient sensible que lorsque la bouche à feu n'est pas en mouvement ou dans certaines évolutions auxquelles les chevaux de devant et du milieu ne prennent aucune part à la traction.

Nous terminons ce chapitre par le rapport de la quantité

---

(1) Dans l'artillerie à cheval deux hommes sont montés sur l'affût de chaque pièce.

de munitions dont chaque batterie est suivie avec la force des chevaux employés à la traction.

Pour le canon de 12, 140 charges traînées par 17 chevaux;
Pour le canon de 6, 209 charges traînées par 15 chevaux;
Pour l'obusier de 10, 102 charges traînées par 18 chevaux.

CHAPITRE III.

ÉTAT ET RAPPORT NUMÉRIQUE DE L'ARTILLERIE AUX AUTRES ARMES.

D'après l'organisation intérieure de l'armée de la Confédération germanique il y a deux bouches à feu par 1,000 hommes, dont un quart d'obusiers, un quart de canons de 12 et un cinquième d'artillerie à cheval.

Le huitième corps d'armée de la Confédération germanique, duquel les troupes wurtembergeoises forment la première division (1), se compose, dans le rapport d'un centième de la population, de 30,000 combattants et de 60 bouches à feu, dont 18 canons de 12, 28 canons de 6 et 14 obusiers de 7 et de 10.

---

(1) Le huitième corps d'armée de la Confédération se compose de trois divisions : la première, fournie par le royaume de Wurtemberg, est forte de 13,955 hommes; la seconde, formée par le contingent fourni par le grand-duché de Bade, est de 10,000 hommes, et la troisième, comprenant le contingent du grand-duché de Hesse, est forte de 6,195 hommes. En tout 30,150 hommes.

Indépendamment de ce contingent ordinaire, chacun des États de la Confédération est tenu de fournir un contingent de réserve dans le rapport d'un trois centième de la population; cette réserve doit être prête à entrer en campagne dix semaines après la publication du décret de la diète : conformément à cette disposition fédérale la moitié du contingent ordinaire de l'artillerie de campagne est toujours conservée dans les dépôts dans un armement complet; le contingent ordinaire fourni par le royaume de Wurtemberg en combattants est de 14,000 hommes, et de 28 bouches à feu attelées et approvisionnées.

La Confédération, par une disposition spéciale du pacte fédéral, a laissé aux divisions combinées d'un corps d'armée le soin de déterminer le rapport des calibres à fournir, ainsi que celui de l'artillerie à pied et à cheval : le contingent ordinaire du royaume de Wurtemberg a été fixé, par suite d'une convention spéciale, à deux batteries à cheval et une batterie et demie à pied de 12; et le contingent de réserve à une demi-batterie à cheval et une demi-batterie à pied de 12.

CHAPITRE IV.

COMPOSITION DU PERSONNEL.

État du personnel et des chevaux de l'artillerie de campagne wurtembergeoise sur le pied de guerre.

GRADES.	BATTERIE A CHEVAL.				BATTERIE A PIED.			
	Officiers.	Canonniers.	Chevaux de selle.	Chevaux de trait.	Officiers.	Canonniers.	Chevaux de selle.	Chevaux de trait.
I. PERSONNEL DE L'ARTILLERIE.								
Capitaine de 1re classe. . . .	1	»	»	»	1	»	»	»
Capitaine de 2e classe. . . .	1	»	»	»	1	»	»	»
Lieutenant.	1	»	»	»	1	»	»	»
Sous-lieutenant.	1	»	»	»	1	»	»	»
Chef-artificier.	»	1	1	»	»	1	1	»
Artificiers.	»	3	3	»	»	3	3	»
Fourrier.	»	1	1	»	»	1	»	»
Trompettes.	»	4	4	»	»	4	»	»
Caporaux.	»	9	9	»	»	9	»	»
Premiers canonniers.	»	16	16	»	»	16	»	»
Canonniers de 1re classe. .	»	32	9	»	»	32	»	»
Canonniers de 2e classe. . . .	»	85	67	»	»	85	»	»
Ouvriers.	»	6	3	»	»	6	»	»
Aides-ouvriers.	»	2	»	»	»	2	»	»
Aide-chirurgien.	»	1	1	»	»	1	»	»
Conducteur de malades. . . .	»	1	»	»	»	1	»	»
Ensemble.	4	161	114	»	4	161	4	»

GRADES.	BATTERIE A CHEVAL.		Chevaux		BATTERIE A PIED.		Chevaux	
	Officiers.	Canonniers.	de selle.	de trait.	Officiers.	Canonniers.	de selle.	de trait.
II. PERSONNEL DU TRAIN.								
Maréchal des logis chef. . .	p	1	1	»	D	1	1	D
Brigadiers.	»	3	3	D	D	3	3	»
Premiers soldats du train. .	p	3	3	D	D	4	4	»
Soldats du train..	D	69	»	138	D	75	»	150
Soldats du train de réserve..	D	10	D	8	D	10	D	8
Ensemble du pers. du train. .	p	86	7	146	D	93	8	158
Ensemble du pers. de l'artill.	4	161	114	»	4	161	4	»
Total.	4	247	121	146	4	254	12	158

État du personnel et des chevaux sur le pied de paix de l'artillerie et du train des parcs d'artillerie.

	ARTILLERIE.			TRAIN DES PARCS.			
	Officiers.	Soldats.	Chev. de selle.	Officiers.	Soldats.	Chev. de selle.	Chev. de trait.
Colonel.	1	»	»	»	»	»	»
Chef de bataillon.	1	»	»	»	»	»	»
Officiers d'état-major.	2	»	»	»	»	»	»
Adjudant-major.	1	»	»	»	»	»	»
Adjudant de l'artillerie à pied.	1	»	»	»	»	»	»
Chirurgien-major.	1	»	»	»	»	»	»
Quartier-maître.	1	»	»	»	»	»	»
Vétérinaire.	1	»	»	»	»	»	»
Fourrier d'état-major.	»	1	»	»	»	»	»
Trompettes d'état-major.	»	2	1	»	»	»	»
Aides-chirurgiens.	»	4	»	»	»	»	»
Prévôts.	»	2	»	»	»	»	»
Capitaines de 1er classe.	6	»	»	1	»	»	»
Capitaines de 2e classe.	6	»	»	»	»	»	»
Lieutenants.	6	»		2	»	»	»
Sous-lieutenants.	6	»		»	»	»	»
Chefs-artificiers.	»	6		»	»	»	»
Maréchaux des logis chefs.	»	»	15	»	2	»	»
Artificiers.	»	18		»	»	»	»
Maréchaux des logis.	»	»		»	4	»	»
Fourriers.	»	6		»	2	»	»
Trompettes.	»	18	9	»	4	16	»
Caporaux.	»	54		»	8	»	»
Premiers canonniers.	»	72		»	»	»	»
Premiers soldats du train.	»	»	117	»	8	»	»
Canonniers de 1re classe.	»	192		»	»	»	»
Canonniers de 2e classe.	»	180		»	»	»	»
Soldats du train.	»	»	»	»	98	»	134
Maréchaux.	»	1	»	»	2	»	»
Sellier.	»	1	»	»	1	»	»
Total.	33	557	142	3	129	16	134

Le personnel d'une brigade du corps royal d'artillerie wurtembergeoise consiste en :

1° Trois compagnies d'artillerie à cheval;

2° Trois compagnies d'artillerie à pied;

3" Deux compagnies du train d'artillerie;

4° La direction de l'arsenal avec une compagnie d'artillerie de garnison (ouvriers).

Tout le personnel est sous le commandement d'un major général comme brigadier. Les trois compagnies d'artillerie à cheval forment un bataillon; les trois compagnies d'artillerie à pied forment un autre bataillon; ce dernier est en outre commandé par un lieutenant-colonel comme chef de bataillon et par un officier d'état-major. L'artillerie à cheval est sous le commandement immédiat du colonel du régiment, et a encore également un officier d'état-major. Les trois batteries à cheval réunies portent la dénomination de régiment.

Les deux compagnies du train ont pour chef un capitaine de première classe; chaque compagnie est commandée par un lieutenant. Elles fournissent l'attelage de l'artillerie de campagne, de sorte que les officiers d'artillerie n'ont pas à s'occuper directement de cette partie d'instruction tactique. Pour les mettre au courant de la manœuvre et pour la leur rendre familière en cas de guerre, où il n'est fourni aucun officier du train aux batteries, des lieutenants d'artillerie, se relevant tous les six mois, sont assignés au service des compagnies du train.

La direction de l'arsenal consiste en un lieutenant-colonel comme directeur, en un lieutenant comme adjudant et en quatre employés civils. La direction n'a à s'occuper uniquement que du matériel et de son confectionnement.

Des commissions spéciales, composées d'officiers d'artillerie, sont établies pour la vérification du personnel des batteries d'artillerie de campagne.

Les tableaux ci-dessus font connaître le pied de guerre et le pied de paix du personnel des batteries d'artillerie de campagne.

Les officiers de l'artillerie à cheval, de même que les officiers supérieurs de l'artillerie à pied, reçoivent les rations de fourrage pour un cheval, qu'ils achètent à leurs frais. Les lieutenants de l'artillerie à pied reçoivent des chevaux de charge pour leurs exercices. Les sous-officiers de l'artillerie à pied n'ont pas de chevaux.

CHAPITRE V.

RECRUTEMENT.

La conscription générale est établie dans le royaume dé Wurtemberg pour le recrutement de l'armée. Sont seuls exemptés du service militaire les infirmes, les fils uniques, ceux qui n'ont pas la taille légale (1), les étudiants, les instituteurs et les artistes; toutefois les individus de ces trois dernières classes n'en sont exemptés qu'après un examen qu'ils sont tenus de subir préalablement.

Ceux qui en ont les moyens peuvent se faire remplacer.

La durée du service militaire est fixée à six années ; toutefois les hommes faisant partie de l'artillerie et les tirailleurs de la cavalerie ne passent que deux à deux années et demie sous les drapeaux. Le cavalier ordinaire et le tirailleur de l'infanterie ne sont présents au corps en tout qu'une année et demie, et le fantassin ordinaire seulement neuf mois.

---

(1) La taille légale est de 5 1/2' décim. de Wurtemberg.

CHAPITRE VI.

AVANCEMENT.

Pour être promu au grade d'officier il faut passer un examen de capacité. Le corps d'officiers de l'artillerie est recruté soit parmi les élèves de l'école militaire générale, soit parmi les élèves-officiers des écoles régimentaires. Chacun peut être admis comme élève-officier de ces écoles, pourvu qu'il s'engage volontairement à l'âge de 17 ans, qu'il se rende digne de cette distinction par son instruction théorique et pratique et par sa moralité, et qu'il possède les notions préliminaires qui sont exigées pour le grade des officiers. Après trois ans de service, ces élèves doivent concourir par un examen avec les élèves de l'école militaire ; les sous-officiers peuvent également prendre part à ce concours, bien qu'ils ne soient pas élèves-officiers des écoles régimentaires.

L'avancement dans le corps d'officiers jusqu'au grade de capitaine de première classe n'a lieu que par ancienneté.

L'avancement pour le grade d'officier d'état-major et pour les grades plus élevés ne se donne pas toujours par droit d'ancienneté ; il est accordé le plus souvent à la capacité, au mérite et au talent.

TROISIÈME PARTIE.

INSTRUCTION DU PERSONNEL

ET EXERCICES TACTIQUES.

CHAPITRE PREMIER.

ÉCOLES D'ARTILLERIE.

APERÇU DES ÉCOLES EXISTANTES.

Il n'existe point d'écoles spéciales pour l'instruction des officiers d'artillerie; le corps d'officiers de cette arme est formé en partie des élèves de l'école militaire, et en partie des élèves-officiers des écoles régimentaires.

Les élèves de l'école militaire qui aspirent à devenir officiers d'artillerie sont réservés à cette arme s'ils montrent les dispositions et capacités nécessaires; en sortant de cette école on leur donne l'instruction des sciences exigées pour le corps des officiers d'artillerie.

L'école militaire générale étant en même temps la pépinière de l'artillerie, nous croyons devoir donner ici un aperçu général de l'organisation de cet institut.

ORGANISATION DE L'ÉCOLE MILITAIRE POUR LA FORMATION DES OFFICIERS.

I. But de l'institut.

Cette école a été instituée dans le but de donner une instruction militaire scientifique et pratique aux jeunes gens qui désirent se vouer à l'état militaire ; c'est de cette école que sont tirés les officiers de toutes armes de l'armée wurtembergeoise.

II. Conditions de l'admission à l'école.

1° Les aspirants doivent être fils de sujets wurtembergeois ou fils d'étrangers qui ont rendu des services à l'Etat.

2° Ils doivent être sains de corps ; leur état sanitaire est constaté par certificat délivré par un médecin.

3° Ils doivent être âgés pas moins de 16 ans et demi ni au delà de 17 ans et demi, de manière que, au concours qui a lieu au mois d'octobre de chaque année, il ne puisse être admis à l'école que les jeunes aspirants qui depuis le premier mai de l'année courante atteindront l'âge de 17 ans ; ce qu'ils sont tenus de justifier par un extrait de baptême.

4° Tout aspirant est tenu de produire une déclaration délivrée et signée par ses parents ou tuteurs, constatant qu'il recevra d'eux une subvention annuelle de 225 florins, et qu'il possède les moyens suffisants pour fournir le trousseau exigé à son entrée à l'école, de même que pour son équipement lors de sa nomination au grade d'officier.

5° Les aspirants à l'école sont tenus de justifier de leur moralité et de leurs études par une attestation de leurs professeurs respectifs.

6° Ils subissent préalablement un examen rigoureux sur les objets suivants :

1. Religion.

Connaissance et démonstration des fondements de la religion naturelle et positive.

2. Langue allemande.

1° Notions générales de la grammaire ;
2° Travail écrit sur un thème donné ; ce travail devra être exempt de fautes contre l'orthographe, contre la pureté de la langue et contre la liaison des mots et des périodes.

3. Langue française.

1° Connaissance des règles de la grammaire;
2° Répondre aux questions posées en langue française ;
3° Traduction exacte des morceaux historiques français;
4° Exercices et traductions orales et par écrit de l'allemand en français;
5° Exercices dans le parler, ayant principalement égard à la prononciation.

4. Histoire.

Notions d'histoire ancienne et moyenne d'après la *Petite histoire du monde, ou Exposition concise de l'histoire universelle à l'usage des universités*, par Pœlitz.

5. Géographie.

1° Notions préliminaires de géographie mathématique et physique ;

2° Géographie politique des Etats européens et des autres parties du monde.

6. Mathématiques.

1° L'arithmétique : les quatre premières règles avec nombres concrets et indéfinis, fractions simples, fractions décimales ; l'algèbre : proportions arithmétiques et géométriques, les progressions, la théorie des puissances et des racines, et développement approfondi des différentes propositions majeures appartenant à ces parties des mathématiques.

2° La géométrie plane et solide : notions approfondies de la geométrie plane en général ; notions des théories, des planes, des angles solides, des polyèdres.

7. Psychologie.

Notions des facultés principales de l'âme et des lois principales de son activité.

§. Dessin.

Dessiner sans modèle jusqu'à la tête inclusivement; une écriture belle et lisible en allemand et en latin.

III. *État-major de l'école.*

L'école est sous le commandement du chef de l'état-major général. Il y a en outre, comme officiers inspecteurs, un capitaine et un lieutenant de l'état-major général et de plus deux surveillants ayant le grade de maréchal des logis chef (*Oberfeldwebel*),

IV. *Professeurs.*

Sont attachés à l'école :

Un professeur d'anthropologie, d'histoire, de géographie et de langue allemande ;

Un professeur de mathématiques;

Un professeur de langue française;

Un professeur de chimie, qui remplit en même temps les fonctions de chirurgien du régiment.

Les professeurs des sciences militaires sont des officiers de l'état-major général qui reçoivent des subventions, mais sont néanmoins astreints à faire leur service militaire ordinaire.

V. *Admission des élèves et de ceux dits* Lehrgenossen.

L'admission des élèves et de ceux dits *Lehrgenossen* a lieu par rescrit du roi ; pour cela le ministre de la guerre est tenu de présenter chaque année à sa majesté la liste de tous les aspirants, indiquant en marge le résultat des examens subis par eux, et accompagnée d'un rapport sur chacun des candidats.

Les *Lehrgenossen*, de même que les élèves, subissent avant leur admission un examen dans lequel ils doivent répondre d'une manière satisfaisante. Ils reçoivent dans l'école l'instruction, le logement, le chauffage et l'éclairage comme les autres élèves, et payent annuellement une somme de 200 florins. S'ils se chargent eux-mêmes de ces dépenses, ce qui toutefois n'a lieu que lorsqu'ils demeurent chez leur père, leur mère ou autres parents, ils ne payent annuellement que 150 florins.

Pour tout le reste ils sont considérés comme les autres élèves et jouissent absolument des mêmes droits qu'eux.

Les étrangers peuvent être admis comme *Lehrgenossen*, mais en ce cas ils payent à l'école 250 florins au lieu de 200 ; si, en demeurant hors de l'école, ils se trouvent dans les conditions exceptionnelles dont il est question plus haut pour les élèves indigènes, ils payent 150 florins.

Il ne peut y avoir plus de deux *Lehrgenossen* étrangers dans une classe. Une exception à cette règle ne peut avoir lieu que dans le seul cas où le nombre fixé des élèves et *Lehrgenossen* indigènes n'est pas complet dans l'une ou l'autre des classes.

VI. *Durée des études.*

Le cours d'études des élèves dure trois années ; ce temps révolu ils quittent l'école.

VII. *Classement des élèves.*

Les élèves sont répartis en trois classes.

VIII. *Instruction donnée aux élèves dans l'école.*

L'instruction donnée aux élèves dans l'école militaire comprend les objets suivants :

1° Anthropologie, logique, morale philosophique, droit naturel ;

2° Histoire moyenne et moderne, et plus particulièrement l'histoire d'Allemagne et de Wurtemberg ;

3° Géographie physique et politique, statistique ;

4° Mathématiques :

    a Arithmétique et algèbre ;

    b Géométrie, stéréométrie, trigonométrie plane et sphérique ;

    c Géographie mathématique ;

    d Mécanique ;

5° Physique ;

6° Chimie ;

7° Cours complet de langue allemande ;

8° Cours complet de langue française ;

9° Style militaire (*Militærgeschæftsstyl*) ;

10° Fortification;

11° Artillerie;

12° Tactique élémentaire;

13° Théorie du terrain (*Terrainlehre*);

14° Tactique pratique (*angewandte Taktik*);

15° Dessin topographique et levée des plans, avec et sans instruments;

16° Règlements de service militaire (*Dienstvorschriften*);

17° Gymnastique : exercices avec le fusil, tir à la cible, escrime, voltige, équitation, natation.

La danse, la musique et le chant sont aux frais des élèves qui désirent apprendre ces arts d'agrément. L'école a soin de leur procurer des professeurs.

IX. *Constitution de l'école.*

La constitution de l'école est toute militaire. Les élèves ont un uniforme; leurs armes sont celles des troupes d'infanterie.

X. *Punitions.*

Les élèves sont répartis, suivant leur application et leur conduite, en quatre classes disciplinaires, et jouissent d'une considération (*Selbststœndigkeit*) plus ou moins grande, selon qu'ils appartiennent à l'une ou à l'autre de ces classes.

L'inapplication et le manquement au service sont punis des arrêts. La peine des arrêts se distingue, suivant la nature du délit ou de la récidive, en arrêts simples ou forcés pendant les heures de récréation, en arrêts simples au pain et à l'eau avec privation de l'instruction, et enfin en l'expulsion de l'école. Cette dernière peine prive l'élève qui en est l'objet de tout avancement dans l'armée et le soumet de nouveau à la conscription.

XI. *Économie.*

Pour fournir aux frais de nourriture et d'habillement, qui dans d'autres instituts de cette espèce se donnent gratuitement, les élèves portés sur l'état reçoivent une subvention annuelle de 150 florins.

XII. *Incorporation des élèves et* Lehrgenossen *dans l'armée.*

Après trois ans de séjour dans l'école et après avoir passé un examen de capacité, les élèves quittent l'établissement et se présentent au concours général, qui a lieu au mois de novembre de chaque année, concurremment avec les élèves-officiers des régiments.

Les élèves jugés capables d'être promus au grade d'officier et placés par la commission d'examen parmi les six premiers de tous les aspirants qui ont concouru, sont proposés, suivant leur numéro d'ordre, pour la promotion au grade d'officier; s'il n'y a pas de vacances, ils sont répartis dans les régiments, où, jusqu'à ce qu'il s'en présente, ils portent l'uniforme de l'école et l'épée des officiers, et reçoivent, au moment de leur promotion ultérieure, le brevet d'officier, dont la date est celle de leur admission au régiment.

Les élèves au contraire qui ne comptent pas parmi les six

premiers entrent dans les régiments comme élèves-officiers.

Six mois après, ces élèves entrent avec les élèves-officiers
des régiments en un nouveau concours, dont la tenue est ré-
glée par des prescriptions particulières.

CHAPITRE II.

EXERCICES ET MANOEUVRES.

BRANCHES DES EXERCICES DE L'ARTILLERIE.

Indépendamment du service et des manœuvres des bouches à feu de campagne, de place et de siége, l'artillerie à pied est encore instruite dans la construction des batteries de siége et dans la confection des artifices de guerre.

L'artillerie à pied étant armée d'un fusil, il s'ensuit naturellement qu'elle est exercée au maniement de cette arme, afin que, dans des cas extraordinaires, elle puisse s'en servir pour défendre et protéger ses batteries contre les attaques qui pourraient être dirigées contre elles par l'ennemi. Ce qui va suivre donnera quelques éclaircissements là-dessus.

L'artillerie à cheval est exercée uniquement dans le service des bouches à feu de campagne et dans le maniement du sabre et du pistolet. Nous avons déjà vu plus haut (IIe partie, chapitre V, *Composition du personnel*) que l'artillerie ne s'occupe pas de l'instruction des batteries de campagne dans la conduite des voitures ni dans les manœuvres et les évolutions des batteries, et que cette partie d'instruction tactique est abandonnée uniquement au train d'artillerie.

En ce qui concerne la tactique élémentaire, l'artillerie à pied est instruite d'après le règlement d'exercice de l'infanterie, et l'artillerie à cheval d'après celui de la cavalerie. L'un et l'autre règlement, quant au fond et aux commandements, sont basés sur le règlement français.

Le règlement d'exercice dans les régiments de l'artillerie wurtembergeoise est divisé en cinq parties.

La première partie traite de l'exercice à pied sans bouches à feu.

La seconde partie comprend le service des bouches à feu de bataille non attelées.

La troisième partie comprend le service des bouches à feu de siége et de place.

La quatrième partie contient l'instruction à cheval sans bouches à feu et l'instruction sur la conduite des voitures du train d'artillerie.

La cinquième partie comprend les évolutions et les manœuvres des batteries attelées.

Les première, seconde et cinquième parties comprennent de plus quelques plans explicatifs, représentant graphiquement tous les mouvements décrits dans ces mêmes parties.

Formation des batteries à pied.

Les tableaux pages 85, 86 et 87 font connaître le pied de paix et le pied de guerre du personnel des batteries de campagne, dont chacune exige une compagnie pour son service. Les dénominations des différentes subdivisions dont on se sert pour les batteries attelées ont été conservées pour l'instruction des compagnies dans la tactique de l'infanterie.

Le nombre d'hommes exigés pour le service d'une bouche à feu et de son caisson à munitions est la plus petite subdivision de la compagnie ou batterie, et s'appelle *demi-peloton* (*halber Zug*). Deux *demi-pelotons* forment un *peloton*, deux *pelotons* une demi-compagnie, et quatre *pelotons* ou huit *demi-pelotons* constituent une compagnie entière ou batterie.

Instruction à pied, à cheval et sur la conduite des voitures.

. La première partie du règlement comprend l'école du canonnier à pied, l'école du peloton, l'école des batteries et l'école du bataillon ; elle a pour objet l'instruction individuelle et progressive d'un canonnier seul, de la compagnie, etc., dans les mouvements à pied et sans bouches à feu, ainsi que l'instruction dans le maniement du fusil et de l'arme blanche.

. La quatrième partie du règlement comprend la répartition de la compagnie d'artillerie à cheval, l'instruction du canonnier à cheval et l'instruction sur la conduite des voitures. Les premiers exercices de l'école des voitures se font avec l'avant-train d'affût seul. Les exercices élémentaires comprennent la conduite des voitures en carré, la volte, les demi-conversions, les quart de conversion, les changements de direction à droite ou à gauche dans la largeur et dans la longueur du manége, et la marche diagonale. Les quart de conversion avec la bouche à feu n'ont lieu qu'à pivot mobile ; elles n'ont lieu à pivot fixe que dans les changements de direction dans la largeur et dans la longueur du manége, sans que toutefois ces conversions soient employées dans les évolutions des batteries. Dans l'exécution des demi-tours

(*Kehrtmachen*) avec les pièces unies à leur avant-train, la distance des deux voies extérieures entre elles est de neuf, pas, ce qu'explique facilement l'angle de conversion qui est peu considérable. Si les conversions sont faites avec la prolonge (*Schlepptau*), les bouches à feu conservent leur voie.

EXERCICES DES BOUCHES A FEU.

Rapport numérique des canonniers servants.

Les bouches à feu d'une batterie étant toujours suivies d'un caisson à munitions, les hommes répartis pour le service des voitures sont donc aussi comptés au nombre des servants et répartis avec eux d'après les numéros courants. La réunion des servants des deux voitures s'appelle demi-peloton (*halber Zug*).

Le canon de 6 et l'obusier de l'artillerie à cheval sont servis, y compris le sous-officier chef de pièce (*Obermann*, brigadier), par 14 hommes, dont un premier canonnier (bombardier) comme pointeur, un second premier canonnier comme chef de caisson, trois canonniers de première classe et huit canonniers de seconde classe. Si la batterie de 6 est desservie par l'artillerie à pied, les deux numéros qui, dans l'artillerie à cheval, sont employés comme garde-chevaux, y sont en moins, et le nombre total des servants, y compris le sous-officier chef de pièce, n'est que de 12 hommes.

Le canon de 12 et l'obusier de l'artillerie à pied sont servis par 15 hommes, dont un chef de pièce, deux premiers canonniers comme pointeur et chef de caisson, trois canonniers de première classe, et neuf canonniers de deuxième classe.

[Position des canonniers servants.

Les servants d'un demi-peloton, seulement dans la parade, se tiennent exclusivement devant les pièces sur deux rangs et en front serré.

En même temps que les servants se forment derrière la pièce, les numéros répartis pour le service du caisson prennent position près de ce dernier.

Dans l'artillerie à cheval (*Fig.* 36 *et* 37).

A l'exception du chef de pièce, du chef de caisson et des garde-chevaux dans l'artillerie à cheval, les servants sont désignés par les numéros courants. La figure 36 explique la place des numéros devant la bouche à feu, la figure 37 indique leur place derrière la pièce. Dans la première formation, le chef de pièce se tient à droite, à côté de lui est un garde-chevaux, puis viennent les numéros 1, 7 et 9; à la gauche se trouve le chef de caisson. Au deuxième rang à droite est le pointeur qui porte le numéro 4 et chef de file sur le chef de pièce; il a à côté de lui le second garde-chevaux; viennent ensuite les numéros 6, 5 et 10. Les numéros 2 et 3 sont assis sur le coffre de l'avant-train d'affût, le premier tournant le dos au côté de la selle (*Sattelseite*), les pieds sur le marchepied du côté de la main (*Handseite*), et se tenant à la poignée du même côté; le numéro 3 tourne le dos au côté de la main, ayant ses pieds sur le marchepied du côté de la selle, et se tenant à la poignée antérieure du même côté. Le numéro 8 est assis sur le caisson à munitions, le dos tourné vers le côté de la main.

Dans la formation derrière la bouche à feu, le chef de pièce se tient devant la pièce; le pointeur, les deux garde-chevaux et les numéros 1, 7, 5 et 6 sont placés derrière la pièce; le chef de caisson se tient à la gauche du postillon de volée (*Vorderreiter*), et les numéros 9 et 10 derrière le caisson. Les numéros 2, 3 et 8 occupent la même place que dans la formation des servants devant la pièce.

Dans l'artillerie à pied (*Fig.* 38 *et* 39).

Dans la formation des servants devant les pièces de l'artillerie à pied le chef de pièce se tient à la droite du premier rang; il est suivi, de droite à gauche, des numéros 1, 3, 5 *a*, 5, 2 et 8; le chef de caisson se trouve à la gauche. Le pointeur portant le numéro 4; chef de file sur le chef de pièce, se trouve à la droite du second rang; il est suivi, dans le même ordre, des numéros 7 *a*, 7, 6, 6 *a*, et 10. Le numéro 9 est chef de file sur le chef de pièce (*fig.* 38).

Dans la formation des servants derrière la pièce les numéros 9 et 10 n'occupent plus le second rang, ni le chef de caisson et le numéro 8 le premier rang, mais ils se placent en un rang derrière le caisson. Les chefs de pièce et de caisson, dans cette formation, sont placés de la même manière que dans l'artillerie à cheval (*fig.* 39). Lorsque les servants de l'artillerie à pied marchent à côté de la pièce, l'ordre des numéros est réglé ainsi qu'il suit :

COTÉ de la selle.	COTÉ de la main.	PLACES.
Nᵒ D	Nᵒ 7	A côté de l'avant-train d'affût, dans la direction de sa paroi antérieure, à deux pieds de distance des jantes de la roue.
»	7 a	A la droite du nᵒ 7.
5	6	A la crosse d'affût, à la distance d'un demi-pied derrière les anneaux servant à mettre l'avant-train, et à la distance de 2 pieds de la pièce.
5 a	6 a	A la distance de 1 pas derrière les numéros 5 et 6.
3	4	A la distance d'un demi-pied en avant du bouton de culasse. } Chef de file sur les autres numéros.
1	2	A la distance de 1 pas en arrière de l'essieu d'affût. . . }
		Tous ces numéros ont la face tournée du côté du timon.
8	D	Du côté de la selle du caisson, devant la roue de derrière, à la distance de 2 pas du coffre.
9	D	Derrière l'essieu de derrière; chef de file sur le nᵒ 8.
10	»	Derrière la roue de derrière, chef de file sur les nᵒˢ 8 et 9.
		Ces trois numéros font face au côté du timon du caisson.

Fonctions des servants et objets d'armement dont ils sont munis.

Dans l'artillerie à cheval.

Le numéro 1, canonnier de seconde classe, écouvillonne, introduit la charge, et aide à mettre et à ôter l'avant-train; il porte un écouvillon.

Le numéro 2, canonnier de seconde classe dans le service du canon, et canonnier de première classe dans le service de l'obusier, introduit la charge et l'obus et aide à mettre et à ôter l'avant-train. Dans le service des canons il porte un sac à cartouches au côté gauche, au côté droit une boîte à poudre avec un couteau, et au bras droit un manche à obus (*Haubitzærmel*).

Le numéro 3, canonnier de première classe, met le feu et aide à mettre et à ôter l'avant-train. Il porte une mèche et, au côté droit, un étui à lances et un couteau.

Le numéro 4, premier canonnier, pointe la pièce, ouvre la cartouche, introduit l'artifice et aide à mettre et à ôter l'avant-train. Il a un dégorgeoir et porte au côté gauche un sac à étoupilles.

. Le numéro 5, canonnier de première classe, aide à pointer et à mettre et à ôter l'avant-train.

Le numéro 6, canonnier de seconde classe, a soin de la prolonge et aide à mettre et à ôter l'avant-train.

Le numéro 7, canonnier de seconde classe, cherche les munitions. Il porte au côté droit un sac à cartouches.

Le numéro 8, canonnier de première classe, délivre les munitions et est chargé spécialement du soin des objets d'approvisionnement du caisson. .

Les numéros 9 et 10, canonniers de seconde classe, vont alternativement chercher les munitions et portent chacun au côté droit un sac à cartouches.

Le premier garde-chevaux, canonnier de seconde classe, tient le cheval du chef de pièce, et ceux des numéros 1 et 7.

Le second garde-chevaux tient les chevaux des numéros 4, 5 et 6..

Dans l'artillerie à pied.

Les fonctions des premiers canonniers, ainsi que des numéros 1 à 10, sont les mêmes que pour l'artillerie à cheval; les numéros auxiliaires 5a et 6a aident aux numéros 5 et 6 à mettre et à ôter l'avant-train; le numéro 7a cherche les munitions.

Disposition des canonniers pour le service des bouches à feu.

Au commandement d'*Apprêtez!* les canonniers à cheval, à l'exception des garde-chevaux et des pourvoyeurs, assujettissent à la selle leurs sabres de la manière indiquée pag. 48 et 49 (art. *Selle pour les chevaux de selle*). Les numéros 2 et 3, qui sont assis sur le coffret d'affût, débouclent également leurs sabres, et les fixent, chacun de son côté, dans la clavette (*Splintkettchen*) de la sus-bande (*Schildzapfendeckel*), autour des arrêtoirs de cuir (*Lederœsen*) cloués à la pièce à la hauteur de la vis de pointage, de manière que leur tranchant se trouve tourné vers la terre. La poignée des sabres est assujettie aux courroies fixées aux parois extérieures des flasques vers la tête de la pièce (*fig.* 8 et 10). Puis on déboucle le tambon, la batterie de la platine (*Pfanndeckel*) et l'entretoise de couche (*Ruhekolz*), on se garnit du sac à étoupilles et du sac à charge, et on introduit le dégorgeoir ordinaire dans la lumière et les deux mèches dans les anneaux des parois de l'affût.

Dans l'artillerie à pied, le fusil est porté en bandoulière de la manière indiquée au chapitre VI ; quant aux objets d'armement il est procédé comme pour l'artillerie à cheval.

Mettre et ôter l'avant-train. — Position respective des servants près de la bouche à feu.

On ôte l'avant-train tant en avançant qu'en reculant. Pour l'exécution de la première manœuvre on commande : *Protzt ab !* et pour celle de la seconde : *Auf der Stelle protzt ab !*

DANS L'ARTILLERIE A CHEVAL.

Oter l'avant-train en reculant (*Fig.* 40).

Les servants à cheval sont placés sur deux rangs derrière la pièce dans l'ordre indiqué à la page 106 (art. *Position des canonniers servants*).

Au commandement de : *Otez l'avant-train !* les numéros 1 et 7 s'avancent de 4 pas, et le second garde-chevaux recule d'un pas.

Les numéros 1, 4 et 6 mettent pied à terre par la droite, et les numéros 7 et 5 par la gauche, et remettent les bridons de leurs chevaux aux garde-chevaux de la manière suivante : si le garde-chevaux n'a à tenir qu'un seul cheval par un côté, on descend le bridon du cheval, et on le remet dans la main droite du garde-chevaux. Si celui-ci a deux chevaux sur un même côté, on descend les bridons des chevaux, on passe celui du cheval extérieur sur la tête du cheval intérieur et on le suspend au cou de ce dernier; puis on fait passer le bridon du cheval intérieur dans celui du cheval extérieur, et on le remet dans la main droite du garde-chevaux, qui tient les deux bridons un peu court afin que les chevaux ainsi accouplés ne puissent dépasser le sien. Les garde-chevaux font ensuite un demi-à-droite, et se retirent en passant par les intervalles qui séparent les pièces. Le premier, étant arrivé à 10 pas derrière les chevaux de devant de l'affût, décrit un petit cercle, et se place de manière qu'il se trouve à 6 pas derrière et du côté gauche des chevaux de devant. Le second garde-chevaux continue à se retirer en arrière encore de 4 pas, puis il fait également un demi-tour, et s'aligne sur le premier. En même temps que les servants à cheval mettent pied à terre, les servants assis sur le coffret d'affût en descendent; savoir le numéro 2 du côté gauche et le numéro 3 du côté droit; ce dernier saisit le levier et le pose dans l'anneau de fer du second cintre. Le numéro 2, qui pendant ce temps a décroché la chaîne d'embrelage, se place alors avec le numéro 3, la face tournée du côté de l'avant-train, contre le levier ainsi accroché, de telle sorte que le côté extérieur de leur corps s'aligne avec les extrémités du levier. Les autres numéros prennent alors à la pièce les positions indiquées par la figure 40. Les numéros 2 et 3 soulèvent la crosse d'affût avec le levier en même temps que le conducteur de derrière (*Stangenreiter*) tient le timon, et sitôt que la cheville ouvrière est libre, le numéro 3 commande *Marche!* sur ce commandement on approche l'avant-train, et on le fait arrêter au moment où la sassoire se trouve à 4 pas de distance de la crosse d'affût.

Au commandement donné à cet effet par le capitaine, on fait avancer le caisson, et on l'arrête derrière la pièce, à la distance de 50 pas depuis la fourragère jusqu'à la tête des chevaux de devant de la bouche à feu.

Position des servants aux pièces séparées de leur avant-train
(*Fig.* 41 *et* 42).

Aussitôt que la crosse d'affût est à terre, les servants prennent les positions suivantes : le numéro 1 se porte entre les roues et les flasques vers la tête de l'affût, ôte l'écouvillon de la fourchette, et se place à 2 pieds de la roue et en alignement avec elle. Le numéro 2 s'aligne avec le numéro 1 et fait face à l'ennemi. Le numéro 3 saisit les deux boute-feux qui se trouvent dans les douilles des flasques, fiche l'un d'eux dans la terre à deux pas à droite derrière lui, et conserve l'autre dans la main. Le numéro 4 prend le dégorgeoir. Les numéros 3 et 4 font face à la pièce, les autres numéros font face à l'ennemi et prennent la position indiquée à l'article *Position des canoniers servants* (p. 106). Le chef de pièce se place à 3 pas en arrière de la crosse d'affût, dans le prolongement de la ligne de direction.

La figure 41 fait voir la position des servants à la pièce séparée de son avant-train dans l'artillerie à cheval; la figure 42 indique celle observée dans l'artillerie à pied.

Mettre l'avant-train pour battre en retraite (*Fig.* 43).

Au commandement de : *Auf der Stelle protzt auf!* (Mettez l'avant-train !) le numéro 1 remet son écouvillon de la même manière qu'il l'a pris ; le numéro 3 replace les boute-feux dans les douilles des flasques, et le numéro 4 introduit le dégorgeoir dans la lumière.

Le numéro 2 fait face à la roue, saisit de la main gauche le rais le plus horizontal, immédiatement au-dessous de la jante ; de la main gauche il saisit également au-dessous de la jante le troisième ou quatrième rais qui suit le premier en montant. Le numéro 1 prend position à la roue de droite en face du numéro 2, et de la même manière que celui-ci, mais en sens inverse. Les numéros 5 et 6 saisissent les extrémités du levier et font face à l'avant-train d'affût. Les numéros 3 et 4 sapprochent de l'affût et aident les numéros 5 et 6 à le soulever. Les forces réunies de ces servants ramènent la pièce vers l'avant-train. Aussitôt que la crosse d'affût s'approche de l'avant-train, le numéro 2 quitte la roue de l'affût, se porte vers l'avant-train, saisit de la main droite un rais de la roue d'avant-train et de la main gauche l'extrémité de la crosse d'affût, qu'il réunit promptement à l'avant-train. Cette réunion ayant eu lieu, il accroche la chaîne d'embrelage. Le chef de pièce s'écarte de trois pas sur le côté gauche, et y reste faisant face à la pièce jusqu'à ce qu'elle se trouve réunie à son avant-train.

Les deux garde-chevaux s'avancent pendant ce temps jusqu'à ce que le premier se trouve à la hauteur des roues de l'avant-train, où ils s'arrêtent. Après avoir décroché et replacé le levier dans la fourchette, le numéro 1 se place sur l'affût de même que le numéro 2; les autres numéros prennent position à côté des garde-chevaux. Ceux-ci, après avoir remis leurs chevaux, reculent de quatre pas afin de procurer de la place aux servants pour monter en selle, ce qui ayant eu lieu le commandant commande: *Richt euch!* (Alignez!), sur quoi les garde-chevaux entrent dans les rangs, qui s'alignent sur la droite. Au commandement de: *Vorwærts, Marsch!* (En avant, marche!), les servants se mettent en marche, et, arrivés à six pas de la bouche de la pièce, l'officier commande: *Rechts umkehrt, schwenkt euch, Marsch!* (Demi-tour à droite, conversion, marche!) A ce commandement les servants se portent derrière la pièce, et la suivent de la manière qu'il a été expliqué plus haut.

Oter l'avant-train en avançant (*Fig.* 44).

Cette manœuvre s'exécute au commandement de : *Batterie, protzt ab!* (Batterie, ôtez l'avant-train !)

Les servants dans l'artillerie à pied ainsi que dans l'artillerie à cheval mettent pied à terre de la même manière qu'il a été dit à l'article *Oter l'avant-train en reculant;* les numéros prennent également les mêmes places que celles indiquées audit article.

Les numéros 1 et 4 prennent les mêmes positions que celles qui sont assignées aux numéros 1 et 2 dans l'article précédent *Mettre l'avant-train pour battre en retraite.* Toutes les autres manœuvres jusqu'au soulèvement de la crosse d'affût se font de la même manière que celle décrite à l'article *Oter l'avant-train en reculant*.

La cheville ouvrière étant dégagée du crochet, le numéro 3 commande : *Marsch!* (Marche!) A ce commandement, l'avant-train s'avance de deux pas, fait un demi-tour à gauche, rentre dans la voie de la pièce, et s'arrête derrière elle. Les servants font faire à la pièce un demi-tour à droite, de manière que le diamètre du demi-tour que décrit la roue intérieure soit d'un pas.

La prise des armements et les positions des servants près de la pièce séparée de son avant-train sont les mêmes que celles indiquées dans l'article *Position des servants aux pièces séparées de leur avant-train*, à la seule différence que le numéro 7, aussitôt qu'il a mis pied à terre, se place à gauche, sur le côté, à une distance telle, que l'avant-train puisse passer entre lui et la pièce.

Les canonniers garde-chevaux font demi-tour à droite, reculent de seize pas, puis font de nouveau un demi-tour à droite, et prennent les positions indiquées à l'article *Oter l'avant-train en reculant*.

Au commandement du premier canonnier, le caisson fait un demi-tour à gauche, et se porte derrière la pièce à la distance prescrite à cet effet.

Mettre l'avant-train pour avancer (*Fig.* 45).

L'exécution de cette manœuvre se fait au commandement de : *Protzt auf!* (Mettez l'avant-train!) de la même manière, mais en sens inverse, que pour ôter l'avant-train. L'avant-train fait un demi-tour à gauche pendant qu'on tourne la pièce à droite; seulement, pour mettre l'avant-train, c'est le numéro 2 qui tourne la roue gauche de l'affût, tandis que pour ôter l'avant-train c'est le numéro 4. L'affût, après avoir opéré deux huitièmes de conversion, s'arrête jusqu'à ce que l'avant-train n'en soit éloigné que de deux pas et que l'extrémité postérieure des armons se trouve dans le prolongement du levier; puis on fait faire encore à l'affût un huitième de conversion à droite, et on le rapproche de l'avant-train à la distance nécessaire pour pouvoir réunir les deux parties. L'avant-train fait à cet effet une conversion à droite.

Les manœuvres exécutées après que l'affût est réuni à son avant-train sont les mêmes que celles pour mettre l'avant-train pour battre en retraite.

Les gardes-chevaux font demi-tour et se portent en avant jusqu'à ce que le premier d'entre eux se trouve en ligne directe derrière la pièce et à la distance de six pas de sa bouche.

Le caisson fait de nouveau demi-tour à gauche, et va se placer derrière la pièce, à la distance prescrite.

DANS L'ARTILLERIE A PIED.

Le service du canon de 6 par l'artillerie à pied, à l'exception que les canonniers ne mettent point pied à terre ni ne montent en selle, est en tous points le même que celui exécuté par l'artillerie à cheval. Le service du canon de 12 diffère peu du précédent; les seules différences consistent en ce que ce sont les numéros auxiliaires 5 *a* et 6 *a* qui aident à soulever l'affût hors de la cheville ouvrière, que ce

sont les numéros 3 et 4 qui aident à tourner les roues, et
qu'au lieu du numéro 2 c'est le numéro 4 qui, dans la manœuvre de mettre l'avant-train, dirige la crosse d'affût et la
roue de gauche de l'avant-train; enfin ce n'est pas le numéro 1 seul qui saisit l'écouvillon, mais il est aidé dans
cette manœuvre par le numéro 3, qui l'enlève du crochet
postérieur.

Usage de la prolonge.

Nous avons fait connaître, au chapitre IV, les dimensions
et le mécanisme de la prolonge.

Pour toutes les manœuvres de la pièce non réunie à son
avant-train on emploie, en plaine, la prolonge déployée à
demi, tandis que, pour l'exécution des passages et pour
franchir des difficultés de terrain, on fait usage de la prolonge entière. Si l'on veut se servir de la moitié seulement
de la prolonge, on fait passer le billot de l'un des bouts de
la prolonge dans l'anneau d'embrelage extérieur, et on accroche l'anneau de l'autre bout dans ledit billot; et de cette
manière et au moyen de l'anneau du milieu et du crochet
sous le tirant du milieu (*Mittelsteife*), on rétablit la réunion
de l'affût avec son avant-train. Si au contraire on veut se
servir de la prolonge entière, on accroche le billot dans l'anneau d'embrelage, et l'anneau de l'autre bout dans le crochet sous le tirant du milieu.

Si, durant le feu, l'officier commande de déployer la prolonge, on engage celle-ci dans l'anneau d'embrelage, on
pose à terre l'anneau du milieu ou celui de derrière sous le
crochet du tirant du milieu, et on ne l'engage dans ce der-

nier anneau que lorsqu'on commande la cessation du feu.
Aussitôt que la batterie s'arrête, on décroche de nouveau
l'anneau, qui reste à terre, sous l'avant-train, aussi longtemps et jusqu'à ce qu'on commande de ployer la prolonge.
Le numéro 6 est chargé de déployer et de ployer la prolonge, et est aidé nécessairement dans ce service par le
numéro 5.

La prolonge étant ployée, on la boucle sur le grillage
(*Rost*), entre les flasques de l'affût. On se sert également de
la prolonge pour avancer et pour reculer; mais dans le premier cas elle ne s'attache pas à la tête de l'affût, et la pièce
fait demi-tour avec la prolonge qui y est accrochée. Durant
les manœuvres à la prolonge, l'écouvillon, le boute-feu, le
levier et le dégorgeoir sont décrochés, et les canonniers
servants restent à leurs postes à côté de la pièce. Si l'on veut
franchir à la prolonge des difficultés de terrain, les numéros
2 et 3 ôtent seuls l'avant-train et attachent la prolonge, les
numéros 1 et 7 se placent à côté des roues de l'affût. Dans
l'artillerie à cheval tous les canonniers restent en selle, à
moins que des circonstances particulières n'exigent de com-
mander de mettre pied à terre.

Remplacement des hommes mis hors de combat.

Le tableau qui suit fait connaître le mode de remplace-
ment des numéros manquants.

De plus ce qui suit peut être regardé comme règle générale :

Si le chef de pièce est mis hors de combat, il est remplacé
par le maître canonnier, qui lui-même est remplacé par le

plus ancien canonnier de première classe. Le pointeur, à moins que des circonstances toutes particulières n'exigent la présence du chef de pièce, est toujours remplacé par ce dernier.

Les garde-chevaux manquants sont remplacés par les numéros dont la présence est la moins indispensable à la pièce.

IBRES.	NUMÉROS RESTANTS.	RÉPARTITION DES FONCTIONS entre les numéros restants.										OBSERVATIONS.
		1	2	3	4	5	6	7	5	6a	7a	
anon de 6.	1. 2. 3. 4. 5. 6. 7.	1	2.	3	4	5	6	7	»	»	»	Si le n° 5 est mis hors de combat il est remplacé par le maître canonnier n° 4, qui lui-même est remplacé par le chef de pièce.
	1. 2. 3. 4. 5. » 7.	1	2.	3	4. 6	5	»	7	»	»	»	
	1. 2. 3. 4. » » 7.	1	2.	3. 5	4. 6	»	»	7	»	»	»	
	1. 2. 3. 4. » » »	1	2. 7	3. 5	4. 6	»	»	»	»	»	»	
	» 2. 3. 4. » » »	»	2. 7	3. 5. 1	4. 6	»	»	»	»	»	»	
	» » 3. 4. » » »	»	»	3. 5. 1	4. 6. 2. 7	»	»	»	»	»	»	
usier.	» 2. 3. 4. » » 7.	»	2	3. 5. 1	4. 6	»	»	7	»	»	»	Comme pour le canon de 6.
	» 2. 3. 4. » » »	»	2. 7	3. 5. 1	4. 6	»	»	»	»	»	»	
	Le reste comme pour le canon de 6.											
anon e 12.	1. 2. 3. 4. 5. 6. 7. 5a 6a 7a	1	2	3	4.	5	6	7	5a	6a	7a	Comme pour le canon de 6.
	1. 2. 3. 4. 5. 6. 7. 5a » 7a	1	2	3	4. 6a	5	6	7	5a	»	7a	
	1. 2. 3. 4. 5. 6. 7. » » 7a	1	2	3. 5a	4. 6a	5	6	7	»	»	7a	
	1. 2. 3. 4. 5. 6. 7. » » »	1	2. 7a	3. 5a	4. 6a	5	6	7	»	»	»	
	Le reste comme pour le canon de 6.											

MANŒUVRES DE BATTERIES.

Nous avons fait connaître dans le chapitre premier de la deuxième partie et dans le tableau p. 74, la force et la composition du matériel des batteries de campagne, et dans le chapitre IV, même partie, et dans le tableau p. 87, la force et la composition du personnel de l'artillerie et du train des différentes batteries de campagne.

De la séparation du personnel du train de celui de l'artillerie, ainsi que du système de défense personnelle dont nous avons déjà parlé dans l'introduction de cette notice, il résulte naturellement non-seulement une p'us grande force dans le personnel en général, mais encore une plus grande complication dans l'organisation et l'établissement des batteries.

Nous consacrerons un paragraphe spécial à la formation d'une partie des canonniers servants pour la défense personnelle des batteries; nous nous occuperons dans celui-ci uniquement de la formation du matériel combiné avec le personnel et avec les manœuvres des batteries de campagne.

I. *Principes généraux sur la répartition des batteries, sur les commandements, signaux, intervalles des pièces, évolutions, convèrsions et allures.*

1° Répartition des batteries de campagne.

Répartition des canonniers et des soldats du train des parcs d'une batterie à pied ou à cheval près des bouches à feu et caissons de première ligne et près des caissons de seconde ligne.

GRADES.	BATTERIE à cheval.			BATTERIE à pied.		
	Hommes.	Chevaux de selle.	trait.	Hommes.	Chevaux de selle.	trait.
A. Personnel de l'artillerie.						
1° Près des bouches à feu et des caissons de 1re ligne.						
Chef artificier..........	1	1	»	1	»	»
Artificiers..	2	2	»	2	»	»
Trompettes.	4	4	»	4	»	»
Brigadiers ou caporaux. . . .	8	8	»	8	»	»
Premiers canonniers.	16	16	»	16	»	»
Canonniers de 1re classe. . . .	26	8	»	26	»	»
Id. 2e classe. . . .	62	56	»	70	»	»
Id. id. comme éclaireurs.	4	4	»	4	»	»
Ensemble.	123	99	»	131	3	»

GRADES.	BATTERIE à cheval.			BATTERIE à pied.		
	Hommes.	Chevaux de selle.	trait.	Hommes.	Chevaux de selle.	trait.
2º Près des caissons de 2ᶜ ligne.						
Artificier.	1	1	»	1	1	»
Fourrier.	1	1	»	1	»	»
Brigadiers ou caporaux..	1	1	»	1	»	»
Can. de 1ᵉ cl. ⎰ par chaque cais. 1 canon. de 1ᵉ cl. et 1 canon. de 2ᶜ cl..	5	»	»	5	»	»
Id. de 2ᵉ cl. ⎰ lesquels, dans l'artil. à cheval sont montés sur les voitures... .	5	»	»	5	»	»
Id. de 1ʳᵉ cl. ⎰ canon. de réser-	1	1	»	1	»	»
Id. de 2ᶜ cl. ⎱ ve pour les batt.	7	7	»	6	»	»
Id. de 2ᶜ cl. canonniers de ré- serve non montés.	7	»	»	»	»	»
Ouvriers.	6	3	»	6	»	»
Aides-ouvriers.	2	»	»	2	»	»
Conducteur des malades. . . .	1	»	»	1	»	»
Ensemble.	37	14	»	29	1	»
Total du personnel d'artillerie.	160	113	»	160	4	»

GRADES.	BATTERIE à cheval.			BATTERIE à pied.		
	Hommes.	Chevaux de		Hommes.	Chevaux de	
		selle.	trait.		selle.	trait.
B. Personnel du train des parcs. 1° Près des bouches à feu et des caissons de 1re ligne.						
Maréchal des logis chef.. . . .	»	»	»	1	1	»
Maréchal des logis. . . · . . .	1	1	»	»	»	»
Brigadiers ou caporaux.. . . .	2	2	»	2	2	»
Premiers soldats du train.. . .	2	2	»	3	3	»
Soldats du train.	48	»	96	54	»	108
Ensemble.	53	5	96	60	6	108
2° Près des caissons de 2e ligne.						
Brigadiers ou caporaux.. . . .	1	1	»	1	1	»
Premiers soldats du train. . .	1	1	»	1	1	»
Soldats du train..	21	»	42	21	»	42
Soldats du train de réserve.. .	10	»	8	10	»	8
Ensemble.	33	2	50	33	2	50
Total du personnel du train des parcs.	86	7	146	93	8	158
Total général du personnel de l'artillerie et du train des parcs, officiers non compris.	246	120	146	253	12	158

Les vingt-quatre voitures d'une batterie de campagne de huit bouches à feu se décomposent en deux parties principales. Les huit bouches à feu ainsi que les huit caissons de la première ligne forment la première partie, les huit autres caissons forment la seconde. La première de ces deux parties forme le corps tactique proprement dit de la batterie de campagne, et le règlement des manœuvres de batteries est basé sur la force et la composition de ce corps tactique.

Une bouche à feu et son caisson forment deux moitiés d'une unité indivisible; ils sont placés sous le commandement d'un sous-officier chef de pièce, et portent la dénomination de demi-peloton (*halber Zug*).

Les demi-pelotons sont numérotés d'après le rang de 1 à 8, à partir de l'aile droite, où se trouvent les obusiers. Deux demi-pelotons réunis forment un peloton. Le premier peloton est sous le commandement du lieutenant en premier, le second sous celui du chef artificier, le troisième sous celui du sous-lieutenant, et le quatrième sous celui du capitaine de deuxième classe.

Chaque peloton a un éclaireur et, à l'exception du deuxième, un trompette. Le quatrième trompette reste auprès de l'officier commandant la batterie, auquel est de plus adjoint comme adjudant de batterie le maréchal des logis chef de la section du train de la batterie.

Dans les évolutions par demi-batteries, la première de celles-ci est commandée par le lieutenant en premier, la seconde par le capitaine de deuxième classe. Les artificiers remplissent les fonctions de chef de peloton. Si les demi-batteries sont séparées entre elles plus ou moins longtemps, il est de règle que l'une d'elles soit commandée par le capitaine de première classe et l'autre par le capitaine de seconde classe. Enfin il y a de plus dans chaque demi-batterie un capitaine et un sous-officier du train, de manière que dans chaque peloton il y ait un officier ou sous-officier du train. Dans l'artillerie à pied le troisième sous-officier du train n'est pas réparti dans les pelotons, mais il est adjoint à l'officier commandant la batterie.

Les caissons de seconde ligne ou la réserve de batterie sont sous le commandement d'un artificier. Le tableau p. 123, 124 et 125 fait connaître la répartition des canonniers servants et des soldats du train dans les deux parties principales des batteries.

2° Commandements et signaux.

Il est de règle que lorsque la batterie est établie avec intervalles serrés les commandements ne soient répétés que par les chefs de peloton respectifs ; lorsque la batterie est au contraire formée avec intervalles entiers les commandements pour l'exécution de toutes les évolutions des bouches à feu et caissons sont répétés non-seulement par les chefs de peloton, mais encore par les chefs de pièce et de caisson.

On se sert de signaux pour se mettre en marche et s'arrêter, pour passer d'une allure à une autre, pour la marche diagonale et la marche par le flanc, pour l'exécution des demi-tours, pour les changements de direction des têtes de colonnes, des changements de fronts de bataille, pour ôter et mettre l'avant-train en avançant et en battant en retraite, pour faire feu et charger, pour l'usage de la prolonge et pour les évolutions des canonniers servants préposés à la défense de la batterie.

3° Distances des batteries attelées et intervalles des bouches à feu
(*Fig*. 37, 39, 41 *et* 42).

La longueur occupée par la pièce attelée de 8 chevaux (1)
est de 22 pas de Wurtemberg quand elle est sur l'avant-train.

La longueur de la pièce attelée de 6 chevaux est de 18 pas
de Wurtemberg et celle de la pièce attelée de 4 chevaux de
14 des mêmes.

La longueur occupée par la pièce de 12 non réunie à son
avant-train est, avec intervalle de 4 pas entre la crosse d'affût
et la sassoire, de 26 pas de Wurtemberg ; celle du 6 et de l'o-
busier non réunis à leur avant-train est de 22 pas de Wurtemberg.

Dans la formation des batteries en bataille l'intervalle
entre les têtes des chevaux de devant de la ligne des voitures
et la bouche des pièces qui les précèdent étant de 16 pas dans
l'artillerie à cheval et de 11 pas dans l'artillerie à pied, il en
résulte pour une batterie à cheval formée en bataille, quand
les affûts sont réunis à l'avant-train, une longueur de 58 pas
de Wurtemberg. Cette longueur est comptée depuis la tête
des chevaux de devant de la première ligne jusqu'aux groupes
des chevaux des canonniers servants répartis dans les caissons.

_____

(1) La longueur occupée par les bouches à feu est comptée depuis la tête des chevaux de devant jusqu'à la bouche des pièces,
et celle occupée par les caissons depuis la tête des chevaux jusqu'à
l'extrémité de la fourragère.

Dans l'artillerie à pied cette longueur, depuis la tête des chevaux de devant jusqu'à l'extrémité postérieure de la ligne des caissons, est de 51 pas de Wurtemberg.

Pour une batterie non réunie à l'avant-train cette longueur, depuis la tête des chevaux de devant de l'avant-train des bouches à feu jusqu'à l'extrémité postérieure de la ligne des caissons, est fixée à 50 pas de Wurtemberg; la longueur d'une batterie à cheval non réunie à l'avant-train est donc de 90 pas de Wurtemberg, et celle d'une batterie à pied également non réunie à l'avant-train de 94 pas de Wurtemberg.

Les manœuvres à effectuer avec une ou plusieurs batteries attelées, peuvent être rapportées à trois formations principales, qui, en marchant contre l'ennemi, se modifient suivant le terrain sur lequel on veut combattre.

1° La formation à demi-distance avec intervalles serrés; ces intervalles sont de 6 pas de Wurtemberg.

2° La formation à demi-distance; les intervalles des bouches à feu sont de 12 pas et demi de Wurtemberg.

3° Et la formation à distance entière; les intervalles sont de 25 pas de Wurtemberg.

4°. Demi-tours, conversions et allures.

Nous avons déjà vu à l'article *Instruction à pied, à cheval et sur la conduite des voitures*, qu'il n'y a qu'une seule espèce de conversion; c'est celle à pivot mobile.

Les quarts de conversion (*halbe Wendungen*) sont exécutées par chacune des deux bouches à feu du demi-peloton en faisant un quart de conversion.

Les conversions (*Schwenkungen*) à intervalles serrés sont

faites autour d'un pivot mobile; dans celles au contraire à intervalles ouverts, il n'y a que le peloton faisant le pivot qui converse d'après cette règle, les trois autres pelotons exécutent la conversion par deux huitièmes de conversion et par la marche diagonale.

Les demi-conversions (*Kehrtschwenkungen*) se font toujours avec pivot mobile et perpendiculairement à la ligne fondamentale. Dans l'artillerie à cheval les conversions s'exécutent toujours dans l'allure qui précède la plus forte (*die nœchst stœrkere Gangart*), et au trot du moment où le corps commence à opérer le mouvement. Dans l'artillerie à pied elles ne se font au pas que lorsque les canonniers servants sont rangés en parade devant les pièces.

II. *Manœuvres et évolutions des batteries attelées.*

La cinquième partie du règlement comprend les manœuvres que nous venons de décrire, et se subdivise en école de la conduite des voitures, école des batteries et école du régiment.

Pour toutes les formations des bouches à feu et des caissons, le règlement prescrit une formation double des canonniers servants dans l'artillerie à cheval, et une formation triple dans l'artillerie à pied. Dans cette dernière artillerie les canonniers servants sont disposés soit devant, soit derrière, soit à côté des pièces. Dans l'artillerie à cheval au contraire les deux premières formations sont seules usitées. La première est la formation pour la parade, les deux autres ne sont exécutées que dans les manœuvres proprement dites.

La batterie de manœuvre peut recevoir différentes formations, qui constituent les trois ordres suivants :

A. Formation en bataille avec intervalles ouverts.

B. Formation en bataille avec intervalles serrés.

C. Formation en colonne.

A. *Formation en bataille avec intervalles ouverts.* — L'intervalle des bouches à feu est de 12 pas et demi ou de 25 pas.
L'alignement et la distance se prennent sur la droite ou sur
la gauche.

Chaque chef de pièce se tient devant le canonnier conducteur de devant de sa voiture, et chaque chef de peloton au
milieu de l'intervalle des voitures qui sont en tête de son
peloton.

Dans les batteries à cheval les canonniers sont rangés à 6
pas en arrière de leurs bouches à feu; à 3 pas derrière le
second rang sont les chevaux de devant des caissons, et à
3 pas derrière les fourragères des caissons marchent leurs
servants.

Chaque chef de caisson se tient près et à gauche du canonnier conducteur de sa voiture.

Dans les batteries à pied les canonniers sont rangés des
deux côtés de leurs bouches à feu ; même formation que
dans les batteries à cheval, seulement la distance entre les
bouches à feu et la ligne des caissons n'est que de 11 pas. ..

B. *Formation en bataille à intervalles serrés.* — L'intervalle
des bouches à feu est de 6 pas. Le reste de la formation, dans
l'artillerie à cheval, est comme il est dit ci-dessus à la lettre A. Dans l'artillerie à pied, les canonniers sont rangés

sur deux rangs à 6 pas derrière leurs bouches à feu; les conducteurs de caissons sont sur un rang derrière leurs voitures. Les conducteurs de devant des deux obusiers attelés de 6 chevaux s'arrangent avec les conducteurs de devant des pièces de 12, de manière que les servants des premiers obusiers soient rangés à 10 pas, au lieu de 6, en arrière de leurs bouches à feu. Le reste de la formation est la même que celle décrite à la lettre A.

La marche diagonale est toujours employée pour fermer et ouvrir les intervalles de telle sorte, que le peloton sur lequel ils doivent s'ouvrir ou se fermer s'avance directement de 80 pas.

C. *Formation en colonne et ses développements* (1). Il y a des colonnes en pelotons et en demi-pelotons, en demi-batteries, et en batteries dans le cas ou plusieurs batteries manœuvrent ensemble. La formation en pelotons, en demi-batteries et en batteries peut être faite avec intervalles ouverts ou serrés des bouches à feu, et avec distances ouvertes ou serrées du peloton et de la batterie.

Le règlement indique toutes les manières possibles de former les colonnes et de les développer; des dessins qui l'accompagnent en rendent chaque formation et ses développements intelligibles.

Les formations et les développements des colonnes se font par quart et demi-conversions, combinées avec la marche diagonale.

----

(1) Nous ne donnons pas ici les formations en colonne dans lesquelles les canonniers sont rangés en parade devant leurs bouches à feu.

Nous ne ferons pas mention des nombreuses formations dont parle le règlement, et pour lesquelles ne sont pas inqués les principes généraux d'après lesquels se font ces formations et leurs développements; ce travail nous conduirait trop loin. Nous ne parlerons ici que de quelques formations en colonne, et d'une défense par les flancs, particulière à l'artillerie wurtembergeoise.

1°. Formation des colonnes par demi-pelotons.

Les canonniers sont rangés derrière leur pièce, à 3 pas derrière leur bouche à feu ou leur caisson; la voiture suivante est à 3 pas derrière les canonniers. Ainsi dans l'artillerie à cheval la distance entre la bouche à feu et le caisson du demi-peloton est de 13 pas, et de 9 pas entre deux demi-pelotons. Dans l'artillerie à pied la distance est de 7 et 8 pas. Chaque chef de pièce et de caisson est près et à gauche du canonnier conducteur de devant de sa voiture; les commandants de peloton et de batterie se tiennent en dehors du flanc gauche et à la hauteur du milieu de leurs sections.

2°. Formation des colonnes par pelotons.

A. Avec intervalles ouverts des bouches à feu. Les distances entre les pelotons et entre les demi-pelotons, la position des chefs de pièce et de caisson, et celle du commandant de batterie sont les mêmes que dans la formation des colonnes par demi-pelotons.

B. Avec intervalles serrés des bouches à feu. La disposition en est la même que pour la formation des colonnes par demi-pelotons, à la seule différence que les canonniers de devant des derniers pelotons sont à 6 pas des canonniers du peloton qui les précède, et que par conséquent la distance entre les pelotons dans l'artillerie à cheval est de 12 pas, et de 10 dans l'artillerie à pied.

3⁰. Formation des colonnes par demi-batteries.

A. Avec intervalles ouverts des bouches à feu. La distance entre les bouches à feu et leurs caissons est la même que pour la formation des colonnes par demi-pelotons. La distance entre les demi-batteries est de 60 pas. Les chefs de pièce et de caisson sont près et à gauche du canonnier conducteur de devant de sa voiture, les chefs de peloton au milieu de l'intervalle des voitures qui sont en tête de son peloton, les commandants des demi-batteries en dehors du flanc gauche et à hauteur des canonniers de devant de leurs bouches à feu, et le commandant de la batterie en dehors du flanc gauche et à hauteur du milieu de la colonne.

B. Avec intervalles serrés des bouches à feu. Les dispositions en sont les mêmes que pour la formation des colonnes par demi-pelotons, à la seule différence que la distance entre deux demi-batteries est de 12 pas.

S'il y a plusieurs batteries réunies sous le commandement d'un officier supérieur, une distance particulière entre chaque batterie n'a lieu que dans la formation en colonne par

pelotons avec intervalles serrés et dans la formation en bataille également avec intervalles serrés.

Dans la formation par pelotons cette distance est de 20
pas, entre le quatrième peloton de la première batterie et le
premier peloton qui le suit ; elle est de quinze pas dans la
formation en bataille avec intervalles serrés.

Le règlement contient une instruction dans laquelle il
prescrit la manière dont l'artillerie doit employer ses feux
lorsqu'elle est attaquée subitement par le flanc. Ainsi, par
exemple, dans le cas où l'ennemi attaque le flanc droit de
la batterie, la première pièce recule à la prolonge de la longueur de trois bouches à feu, la seconde pièce de la longueur
de deux et la troisième pièce de la longueur d'une seule, et
les bouches à feu, ainsi séparées de leur avant-train et ali-
gnées avec la quatrième pièce, font avec elle face à l'ennemi.
Les avant-trains et caissons de ces bouches à feu restent
pendant ce temps en ligne perpendiculaire sur la ligne de
bataille qu'ils avaient précédemment. Les caissons des trois
premières pièces reculent de la même longueur que leurs
bouches à feu respectives.

Si l'on veut se défendre simultanément sur les deux flancs,
les deux pièces de file avec leurs caissons reculent de la longueur d'une bouche à feu, et font, à droite et à gauche, face
à l'ennemi avec la deuxième et la septième bouche à feu.

DÉFENSE D'UNE BATTERIE PAR UNE PARTIE DES CANONNIERS SERVANTS.

Nous avons déjà parlé dans l'Introduction d'une défense
particulière à l'artillerie wurtembergeoise qui consiste à se

défendre elle-même contre les attaques qui pourraient être dirigées contre elle. Nous allons considérer ici la manière dont cette défense a lieu.

La partie des canonniers auxquels sont spécialement confiées la sûreté et la défense de la batterie est appelée *Vertheidigungsmannschaft* (peloton de défense); une autre partie, destinée, suivant les circonstances, à protéger et soutenir la batterie, est désignée sous le nom *Verstærkungsmannschaft* (peloton de réserve).

1. *Force et composition du* peloton de défense *et du* peloton de réserve *d'une batterie.*

1° Le personnel du *peloton de défense* d'une batterie à cheval consiste en :

Officier, capitaine de deuxième classe ou lieutenant, lequel est remplacé par l'artificier de la demi-batterie à laquelle appartient son peloton, comme chef de peloton.   1

Artificier; celui de la seconde demi-batterie.   1

Trompette.   1

Brigadiers (*Obermænner*); ceux du quatrième et du huitième demi-peloton.   2

Premiers canonniers; les numéros 4 des autres demi-pelotons et un chef de caisson de la demi-batterie; si c'est l'officier qui en fait partie, ce sont dans la règle, les chefs de caisson du troisième et du septième demi-peloton.   7

Canonniers; de chaque demi-peloton le deuxième garde-chevaux et les numéros 5, 6, 9 et 10.   40

Total du *peloton de défense*, 1 officier, 51 hommes et 51 chevaux.   52

2° Le personnel du *peloton de réserve* consiste en officier, lieutenant ou sous-lieutenant, remplacé par le brigadier restant.   1

. Trompette.   1

Brigadiers ; ceux du deuxième et du sixième demi-peloton. .   2

Premiers canonniers ; les numéros 4 du quatrième et du huitième demi-peloton.   2

Canonniers ; le premier garde-chevaux et les numéros 1 et 7 de chacun des demi-pelotons.   24
                                                                    ———

Total du *peloton de réserve* : 1 officier, 29 hommes et 29 chevaux.   30

Total des deux *pelotons de défense* et *de réserve* : 2 officiers, 80 hommes et 80 chevaux.

La composition du *peloton de défense* et du *peloton de réserve* d'une batterie à pied ne diffère de celle d'une batterie à cheval qu'en ce que le personnel du *peloton de défense* de la batterie à pied n'est formé que de 6 premiers canonniers, en tout de 48 canonniers, et notamment des numéros 5a, 6a, 7a, 6, 9 et 10. Le personnel des canonniers du *peloton de réserve* est composé des numéros 5 et 7 de tous les demi-pelotons, de plus du numéro 1 des demi-pelotons pairs et du demi-peloton dont le caporal remplace l'officier sortant, et enfin du numéro 8 de chacun des autres demi-pelotons.

La force du *peloton de défense* consiste par conséquent en 1 officier, 58 hommes, et celle du *peloton de réserve* en 1   id.   29   id.
                      ——————   ——————
Total. 2   id.   87   id.

D'après ces données il ne reste donc plus pour le service d'une batterie à cheval, déduction faite du *peloton de défense*, que 3 officiers et 100 canonniers, et 2 officiers seulement et 74 canonniers en en éliminant également le *peloton de réserve*.

Dans une batterie à pied, il ne reste plus pour en faire le service que 3 officiers et 90 hommes dans la première combinaison, et 2 officiers et 64 hommes dans la seconde.

II. *Formation du* peloton de défense *et du* peloton de réserve
d'une batterie à cheval.

Il est dans la nature des choses que la défense d'une batterie par son propre personnel ne peut avoir lieu que dans des mouvements rétrogrades ou lors d'une attaque imprévue par le flanc dont la batterie peut être l'objet. Le règlement ne prévoit que ces deux cas généraux où cette défense puisse être employée, et les instructions qu'il renferme ne s'appliquent qu'au départ (*Abgehen*) du *peloton de défense* et du *peloton de réserve* et à leur formation.

Le *peloton de défense* se forme, suivant les circonstances, en deux sections, soit en arrière, soit sur les flancs de la batterie. Chacune de ces sections est formée d'une partie des canonniers d'une demi-batterie. La formation en arrière de la batterie a lieu quand celle-ci a ses bouches à feu réunies à leurs avant-trains et qu'elle se retire; la formation sur le flanc ou sur les deux en même temps au contraire n'a lieu que quand la batterie est au feu. Les hommes sont disposés sur deux rangs. En cas de réunion du *peloton de réserve* au *peloton de défense,* celui-là forme le troisième rang. Bien que le règlement contienne les instructions les plus complètes sur la manière dont le *peloton de défense* doit agir dans chaque cas particulier, ainsi que sur les différentes actions dans lesquelles il pourra être engagé, il laisse toutefois la plus grande latitude au commandant de la batterie de rassembler le *peloton de défense* sur le point où sa présence lui paraîtra le plus nécessaire.

Dans un combat de tirailleurs le *peloton de réserve* forme le soutien du *peloton de défense*, et s'établit en deux sections derrière les deux flancs.

En règle générale, le *peloton de défense* doit être à la distance de 150 à 200 pas de la batterie, et ne jamais s'en éloigner de plus de 300 pas.

III. *Formation du* peloton de défense *et du* peloton de réserve *d'une batterie à pied.*

Indépendamment des instructions concernant la batterie à cheval, et relatives à la formation du *peloton de défense* en arrière de la batterie ou sur ses flancs, le règlement mentionne une troisième formation, particulière à la batterie à pied : c'est celle qui a lieu dans les intervalles des bouches à feu.

Quoique le règlement détermine numériquement la force dont le *peloton de défense* et le *peloton de réserve* doivent être composés, il laisse la faculté à l'officier commandant la batterie de prendre encore le nombre d'hommes qui ne lui paraîtront pas absolument indispensables au service des bouches à feu.

Le règlement contient sur la manière d'agir du *peloton de*

défense, dans le cas où il s'éloigne de la batterie et qu'il se trouve engagé dans des escarmouches, des instructions qui sont empruntées à celles sur le service des tirailleurs de l'infanterie. En règle générale, le *peloton de défense* ne doit jamais s'éloigner de la batterie de plus de 80 à 100 pas.

QUATRIÈME PARTIE.

TIR DES BOUCHES A FEU.

TIR DES CANONS.

Table de tir des canons de l'artillerie de campagne wurtembergeoise.

A. TIR A TOUTE VOLÉE.		
PORTÉES.	HAUSSES.	
	Canons de 6.	Canons de 12.
Pas de 2 3/4 pieds de Wurtemb.	Pouces duodéc. Wurtemb.	Pouces duodéc. Wurtemb.
100	1/2	1/2
200	3/8	3/8
300	3/26	3/16
400	Ligne de mire naturelle.	
500	1/4	1/4
600	1/2	1/2
700	3/4	13/16
800	1 1/16	1 1/8
900	1 3/8	1 1/2
1000	1 3/4	1 7/8
1100	2 1/8	2 1/4
1200	2 9/16	2 11/16
1300	3 1/16	3 3/16
1400	3 9/16	3 11/16
1500	4 1/8	4 1/4
1600	4 3/4	4 7/8

B. TIR A RICOCHET TENDU.

HAUSSES en pouces duodécim. de Wurt.	ANGLE d'élévation. Canons de 6.	ANGLE d'élévation. Canons de 12.	DISTANCE du point de chute à la b. de la piè. en pas de 2 3/4 pieds de Wurt.	DISTANCE du p. d'arriv. à la bouche de la pièce en pas de 2 3/4 pieds de Wurtemb.
l. de mire nat.	26′ 18″	29′ 44″	550	1950
1/4	39′ 04″	40′ 47″	638	2000
1/2	51′ 50″	51′ 59″	709	2060

C. TIR A BALLES.

DISTANCES en pas de 2 3/4 pieds de Wurtemb.	HAUSSES. Canons de 6 pouces duodécim. de Wurtemb.	HAUSSES. Canons de 12 pouces duodécim. de Wurtemb.
200	»	»
300	5/8	3/4
400	1 1/8	1 1/4
500	1 5/8	1 7/8
600	2 1/8	2 3/8
700	2 5/8	3

1°. *Tir à boulets.*

Nous avons fait connaître au chapitre II de la première partie la charge et la construction des canons relativement au pointage.

Le but en blanc est de 400 pas pour le canon de 12 comme pour celui de 6. Si, d'un côté, ce but en blanc si rapproché remédie aux inconvénients que présente un angle de mire plus grand toutes les fois qu'on veut frapper avec justesse un but peu considérable à des distances plus rapprochées, on est obligé, d'un autre côté, de prendre de la hausse à des distances où un service simple et le plus prompt possible est une des principales conditions des bouches à feu de campagne.

Pour pointer avec justesse sur un objet situé à de moindres distances, comme, par exemple, à 100, 200 ou 300 pas, on suit la méthode que voici : on pointe d'abord avec la ligne de mire naturelle (*Visir und Korn*) le point à battre, puis on prend la hausse indiquée dans la table de tir, par exemple un demi-pouce pour 100 pas. Si dès lors on pointe au-dessus de la partie supérieure de cette hausse et par le point le plus élevé du bourrelet, l'œil rencontre le but en blanc, et l'on pointe la bouche à feu avec la ligne de mire naturelle.

Cette échelle de hausse négative forme naturellement une série dans laquelle les valeurs de la hausse à prendre jusqu'au but en blanc baissent dans la même mesure que les portées de but en blanc haussent.

Comme on a donné au canon de 12 une âme plus courte de

1 diamètre et demi du boulet que celle du canon de 6, son but en blanc est égal à celui de cette dernière bouche à feu, et ce n'est qu'à la distance de 700 pas que la hausse du canon de 6 commence à différer de celle du canon de 12 de un vingt-sixième de pouce. Cette différence est de un huitième de pouce à 900 pas, et reste ainsi jusqu'à 1600 pas, qui est la distance la plus éloignée. Les différences des valeurs des tangentes de chaque angle de tir ne sont que de un vingt-sixième de pouce à des distances de 600 à 700 pas ; elles sont les mêmes à toutes les autres distances pour le canon de 6 et pour celui de 12.

Pour le tir à ricochet tendu (*Rollschuss*), qui a lieu avec la même charge que le tir à toute volée (*Bogenschuss*) on a trouvé les élévations nécessaires pour les distances de 550, 638 et 709 pas du point de chute (*erster Aufschlag*).

2°. *Tir à balles.*

Le tir des boîtes à balles du poids de 1 livre un quart a lieu avec la même charge que le tir à boulet.

A cause de la faible charge et du petit angle de mire on s'est déjà vu obligé, dans les cas ordinaires et à des distances très-rapprochées, d'avoir recours à la hausse, de sorte que pour la distance de 500 à 600 pas, où le tir à balles est le plus efficace, la hausse pour le canon de 6 est déjà d'un pouce et demi à deux pouces de Prusse. On n'emploie le tir à balles que jusqu'à 700 pas.

TIR DES OBUSIERS.

Table de tir de tous les projectiles de l'obusier de 10.

	A. TIR A TOUTE VOLÉE.					
	OBUS FOUDROYANTS.					
PORTÉES en pas de 2 3/4' de Wurt.	Hausses en pouces duodécimaux ou degrés avec une charge de					
	1/2 livre		3/4 de livre		5/4 de livre	
	pouces.	degrés.	pouces.	degrés.	pouces.	degrés.
500	6 3/4	8.22,0	»	»	»	»
600	8 1/2	10.29,3	»	»	»	»
700	10 1/2	12.53,0	»	»	»	»
800	12 1/2	15.14,0	»	»	»	»
900	14 2/1	17.49,0	8 1/4	10.11	»	»
1000	»	»	9 1/2	11.42	»	»
1100	»	»	11	13.28	»	»
1200	»	»	12 1/2	15.14	»	»
1300	»	»	14	16.57	»	»
1400	»	»	15 3/4	18.56	8	9.53
1500	»	»	»	»	8 3/4	10.47
1600	»	»	»	»	9 1/2	11.42
1700	»	»	»	»	10 1/4	12.35
1800	»	»	»	»	11 1/4	13.46
1900	»	»	»	»	12 1/4	13.56
2000	»	»	»	»	13 1/2	16.23

TIR A TOUTE VOLÉE.

OBUS INCENDIAIRES.

PORTÉES en pas de 2 3/4' de Wurt.	Hausses en pouces duodécimaux ou degrés avec une charge de					
	1/2 livre		3/4 de livre		5/4 de livre	
	pouces.	degrés.	pouces.	degrés.	pouces.	degrés.
500	7 1/4	8.58	»	»	»	»
600	9	11.6	»	»	»	»
700	11	13.28	»	»	»	»
800	13	15.49	»	»	»	»
900	15 1/4	18.23	8 3/4	10.47	»	»
1000	»	»	10	12.17	»	»
1100	»	»	11 1/4	12.35	»	»
1200	»	»	12 3/4	15.31	»	»
1300	»	»	14 1/2	17.32	»	»
1400	»	»	16	19.13	»	»
1500	»	»	17 3/4	21.8	7 3/4	9.35
1600	»	»	»	»	8 1/4	10.11
1700	»	»	»	»	9	11.6
1800	»	»	»	»	9 3/4	11.59
1900	»	»	»	»	10 3/4	13.11
2000	»	»	»	»	11 3/4	14.21

B. TIR A RICOCHET TENDU
AVEC UNE CHARGE DE 1 5/8 DE POUDRE.

HAUSSES en pouces duodécimaux ou degrés.		DISTANCE du point de chute à la bouche de la pièce en pas de 2 3/4' de Wurtemb.	POINT D'ARRIVÉE de l'obus en pas de 2 3/4' de Wurtemberg.
Au-dessus du métal (*Uebers Metall*).		200	1700
pouces.	degrés.		
1/2	0,46	304	1725
1	0,91	408	1750
1 1/2	1,37	516	1775
2	1,83	624	1800

C. TIR A BALLES AVEC UNE CHARGE DE 1 5/8 LIVRE
DE POUDRE.

DISTANCE EN PAS de 2 3/4' de Wurtemberg.	HAUSSES EN POUCES duodécimaux de Wurtemberg.
300	1
400	2
500	3
600	4 1/4
700	5 1/2

1°. *Tir à obus foudroyants et à obus incendiaires* (Spreng-und Brandgranaten).

Nous avons déjà fait connaître la construction de l'obusier et de l'appareil de pointage au chapitre ii de la première partie.

Les obus sont garnis de leurs fusées dès avant le départ ; toutes ces fusées ont une même longueur calculée pour la plus grande durée de la trajectoire.

Nous avons déjà vu au chapitre vii de la première partie qu'il y a quatre charges différentes pour l'obusier de 4 ; la plus petite est d'un quarantième et la plus grande d'un quatorzième du poids du projectile.

On se sert des trois plus petites charges dans le tir à obus foudroyants et dans le tir à obus incendiaires avec grande élévation, et de la grande charge dans le tir à ricochet tendu avec obus et dans le tir à balles.

Le rapport des boîtes à balles d'un obusier au nombre total des coups étant d'un septième de ce nombre, et le rapport des grandes charges au nombre total des mêmes coups étant d'un sixième de ce même nombre, il ne reste pour le tir à ricochet tendu qu'un fort petit nombre de grandes charges. La quantité des cartouches de la troisième charge de trois quarts de livre dont un obusier est approvisionné est de cinq quarts du nombre total des coups, cette charge étant celle dont on se sert pour le tir à des distances qui sont les plus ordinaires en campagne.

Quant au tir à toute volée proprement dit, la table de tir p. 145, 146, 147, donne les charges et les élévations ascendantes de 100 pas en 100 pas pour des distances de 500 à

2,000 pas. Il résulte de cette table que l'effet de percussion des obus est l'élément principal de cette bouche à feu.

La table de tir indique les portées obtenues avec les différentes charges et les différents angles d'élévation.

En admettant comme condition essentielle de l'effet de percussion des obus que le champ de chute des projectiles doive être en même temps leur point d'arrivée, on voit que le système des feux d'obusier qui précède n'obtient qu'un résultat partiel. Ce n'est guère qu'à des distances de 900, 1200, 1300, 1400, 1900 et 2000 pas qu'on peut compter avec quelque certitude sur le champ de chute des projectiles comme point d'arrivée, parce que ce n'est qu'à ces distances que l'angle d'élévation atteint ou dépasse quinze degrés; ce résultat sera douteux à des distances de 700, 1100, 1700 et 1800 pas, et ne pourra jamais être atteint à des distances autres que celles que nous venons d'indiquer.

Pour le tir à ricochet tendu à forte charge la table de tir indique cinq distances, la portée du point de chute et la portée totale du but en blanc.

Dans le tir à obus incendiaires, à cause du poids plus considérable du projectile, on prend, à charge égale et aux mêmes distances, un peu plus de hausse que dans le tir à obus foudroyants. Du reste, tout ce qui a été dit quant au feu de ce dernier tir s'applique au tir à obus incendiaires.

2°. *Tir à balles.*

Dans ce tir, à cause de la petite charge (elle est d'un seizième du poids de la boîte), on a été obligé d'avoir recours, comme pour le tir des canons, à une plus grande élévation, pour lui assurer quelque efficacité à la distance de 700 pas.

TABLE DES MATIÈRES.

PREMIÈRE PARTIE.

DESCRIPTION DU MATÉRIEL.

CHAPITRE PREMIER.

CHAPITRE II.

CHAPITRE III.

CHAPITRE IV.

CHAPITRE V.

DEUXIÈME PARTIE.

ORGANISATION.

CHAPITRE PREMIER.

CHAPITRE II.

CHAPITRE III.

CHAPITRE IV.

CHAPITRE V.

CHAPITRE VI.

TROISIÈME PARTIE.

INSTRUCTION DU PERSONNEL ET EXERCICES TACTIQUES.

CHAPITRE PREMIER.

CHAPITRE II.

QUATRIÈME PARTIE.

TIR DES BOUCHES A FEU.

ERRATA [1].

---

(1) M. le commandant Mazé n'ayant pu revoir ni la copie ni les épreuves de *l'Artillerie wurtembergeoise*, il s'est glissé dans l'impression quelques erreurs auxquelles l'*errata* ci-dessus pourra servir de correction. (*Note de l'éditeur.*)

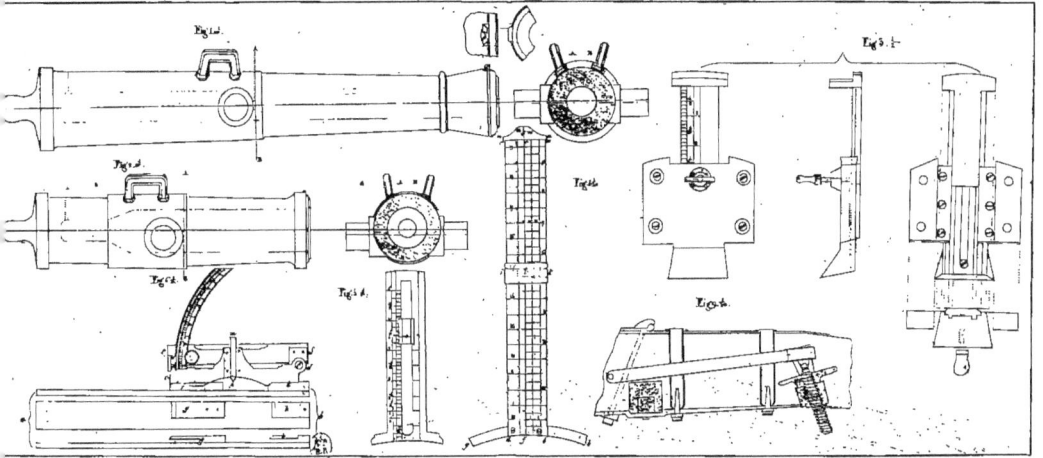

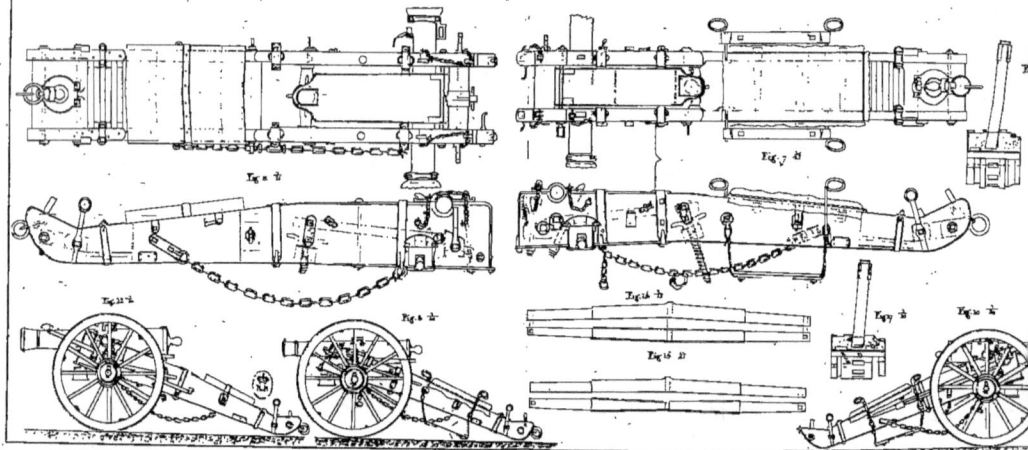

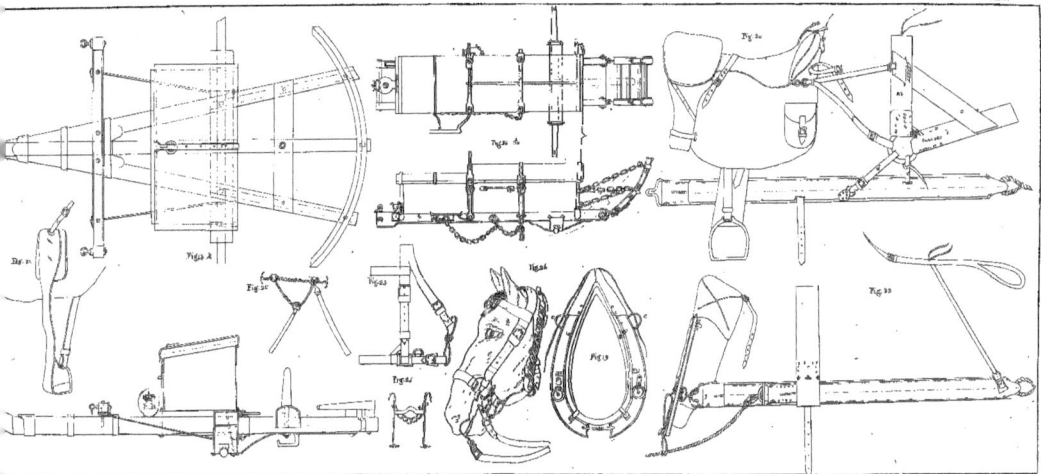

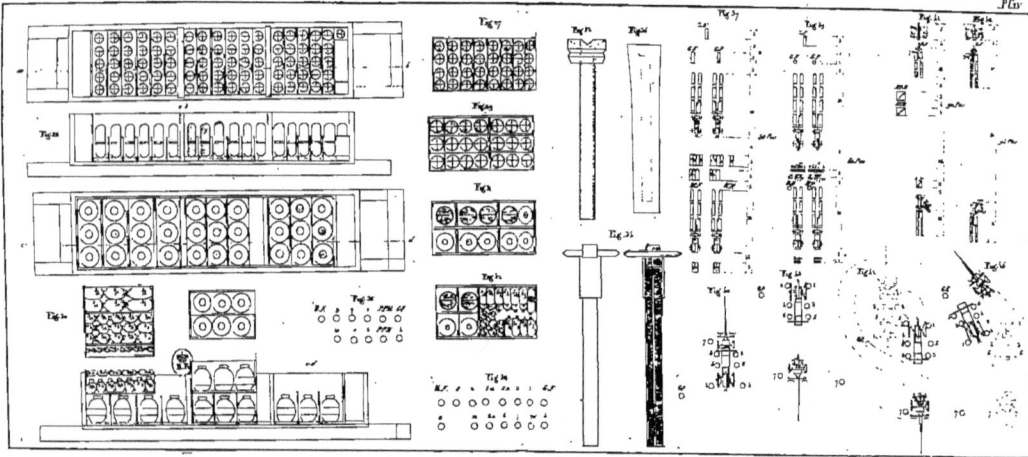